Klassische Texte der Wissenschaft

Reihe herausgegeben von

Jürgen Jost, Max-Planck-Institut für Mathematik in den Naturwissenschaften, Leipzig, Deutschland

Armin Stock, Zentrum für Geschichte der Psychologie, University of Würzburg, Würzburg, Deutschland

Begründet von

Olaf Breidbach, Institut für Geschichte der Medizin, Universität Jena, Jena, Deutschland

Jürgen Jost, Max-Planck-Institut für Mathematik in den Naturwissenschaften, Leipzig, Deutschland

Die Reihe bietet zentrale Publikationen der Wissenschaftsentwicklung der Mathematik, Naturwissenschaften, Psychologie und Medizin in sorgfältig edierten, detailliert kommentierten und kompetent interpretierten Neuausgaben. In informativer und leicht lesbarer Form erschließen die von renommierten WissenschaftlerInnen stammenden Kommentare den historischen und wissenschaftlichen Hintergrund der Werke und schaffen so eine verlässliche Grundlage für Seminare an Universitäten, Fachhochschulen und Schulen wie auch zu einer ersten Orientierung für am Thema Interessierte.

Michael Eckert

(Hrsg.)

Ludwig Prandtl und die moderne Strömungsforschung

Ausgewählte Texte zum Grenzschichtkonzept und zur Turbulenztheorie

 Springer Spektrum

Hrsg.
Michael Eckert
Forschungsinstitut
Deutsches Museum
München, Deutschland

ISSN 2522-865X   ISSN 2522-8668   (electronic)
Klassische Texte der Wissenschaft
ISBN 978-3-662-67461-1   ISBN 978-3-662-67462-8   (eBook)
https://doi.org/10.1007/978-3-662-67462-8

Die Deutsche Nationalbibliothek verzeichnet diese Publikation in der Deutschen Nationalbibliografie; detaillierte bibliografische Daten sind im Internet über http://dnb.d-nb.de abrufbar.

Planung/Lektorat: Nikoo Azarm
Springer Spektrum ist ein Imprint der eingetragenen Gesellschaft Springer-Verlag GmbH, DE und ist ein Teil von Springer Nature.
Die Anschrift der Gesellschaft ist: Heidelberger Platz 3, 14197 Berlin, Germany

*Die Gleichungen kommen erst später daran,
wenn ich die Sache glaube verstanden zu haben;
sie dienen einerseits dazu, quantitative Aussagen
zu gewinnen, die natürlich durch Anschauung
allein nicht zu erreichen sind; andererseits sind
die Gleichungen ein gutes Mittel, um für meine
Schlüsse Beweise beizubringen, die auch andere
Leute anzuerkennen geneigt sind.*

*[Ludwig Prandtl: Mein Weg zu
Hydrodynamischen Theorien (1948)]*

Vorwort

Ludwig Prandtl hat wie kein anderer dazu beigetragen, an der Schwelle zum 20. Jahrhundert die Kluft zwischen Theorie und Praxis in der Strömungsmechanik zu überbrücken. Seine Bedeutung kommt in einer Reihe von hydro- und aerodynamischen Theorien, Phänomenen und Bezeichnungen zum Ausdruck: Prandtl-Zahl, Grenzschichttheorie, Tragflügeltheorie, Mischungswegansatz – um nur einige zu nennen, die mit Prandtls Namen verbunden sind. Sein *Führer durch die Strömungslehre* zählte nach dem Zweiten Weltkrieg zu den wichtigsten Lehrbüchern dieses Fachs. Es wurde in mehrere Sprachen übersetzt und erlebte auch nach seinem Tod noch Neuauflagen, die dem aktuellen Wissenstand angepasst wurden und damit die Tradition der Prandtl'schen „Schule" bis ins 21. Jahrhundert fortsetzen (Oertel jr. 2012). Prandtls wissenschaftliches Gesamtwerk wurde durch die Herausgabe seiner gesammelten Abhandlungen der Nachwelt zugänglich gemacht (LPGA). Sein wissenschaftlicher Nachlass im Göttinger Archiv des Deutschen Zentrums für Luft- und Raumfahrt (DLR) und im Berliner Archiv zur Geschichte der Max-Planck-Gesellschaft (AMPG) enthält über Prandtls Publikationen hinaus einen reichhaltigen Fundus für eine weitergehende wissenschafts- und technikhistorische Erforschung. Er bot auch die Grundlage für eine wissenschaftliche Biografie (Eckert 2017).

In diesem Buch werden aus der Fülle der Prandtl'schen Abhandlungen fünf Arbeiten zur Grenzschicht- und Turbulenztheorie ausgewählt, die auch mit Blick auf die moderne Forschung als Marksteine angesehen werden dürfen. Sie umspannen den Zeitraum vom Beginn des 20. Jahrhunderts bis zum Ende des Zweiten Weltkriegs. Mit Ausnahme der ersten Abhandlung, in der Prandtl die Ablösung einer laminaren Strömung in den Blick nahm, lassen die folgenden Arbeiten sein jahrzehntelanges Ringen um ein Verständnis des Phänomens turbulenter Strömungen erkennen. Mit Prandtl als einem ihrer wichtigsten Vertreter nahm die Turbulenzforschung in der ersten Hälfte des 20. Jahrhunderts Fahrt auf und reifte zu einer eigenen Wissenschaftsdisziplin heran. Eine breitere Darstellung dieser Entwicklung wird an anderer Stelle geboten (Bodenschatz und Eckert 2011; Eckert 2022); hier soll mit einer historischen Annäherung im ersten Teil vor allem das Verständnis der im zweiten Teil abgedruckten Abhandlungen erleichtert werden.

Ich danke allen, die mir auf dem Weg durch die Geschichte der Grenzschicht- und Turbulenzforschung einschlägiges Archivmaterial und relevante Fachliteratur zugänglich gemacht und mir geholfen haben, mit diesem schwierigen Gegenstand vertraut zu werden. Mein ganz besonderer Dank gilt der Deutschen Forschungsgemeinschaft und dem Forschungsinstitut des Deutschen Museums. Ohne dieses institutionelle Umfeld wäre die wissenschaftshistorische Beschäftigung mit den hier dargestellten Themen nicht möglich gewesen.

München   Michael Eckert
Februar 2023

Inhaltsverzeichnis

Abkürzungsverzeichnis

AMPG	Archiv der Max-Planck-Gesellschaft, Berlin-Dahlem
AVA	Aerodynamische Versuchsanstalt, Göttingen
DLR	Deutsches Zentrum für Luft- und Raumfahrt
GAMM	Gesellschaft für Angewandte Mathematik und Mechanik
GOAR	Göttingen, Archiv des DLR
GStAPK	Geheimes Staatsarchiv, Preußischer Kulturbesitz, Berlin-Dahlem
LPGA	Ludwig Prandtl Gesammelte Abhandlungen, herausgegeben von Walter Tollmien, Hermann Schlichting und Henry Görtler, 3 Bände, Springer: Berlin, Heidelberg, 1961
MAN	Maschinenfabrik Augsburg-Nürnberg
MPGA	Max-Planck-Gesellschaft, Archiv
SUB	Niedersächsische Staats- und Universitätsbibliothek, Göttingen
VDI	Verein Deutscher Ingenieure
ZAMM	Zeitschrift für Angewandte Mathematik und Mechanik
ZWB	Zentrale für Wissenschaftliches Berichtswesen

Abbildungsverzeichnis

Teil I
Historische Annäherung

Ludwig Prandtl hat mit der Grenzschichttheorie und mit Beiträgen zur Theorie der Turbulenz Marksteine der modernen Strömungsmechanik gesetzt. Davon zeugen auch noch die Lehrbücher dieses Fachs im 21. Jahrhundert. Dennoch ist der zu Lehrbuchwissen geronnene Gehalt einer Theorie mitunter sehr verschieden von ihrer ursprünglichen Fassung, ganz zu schweigen von den Beweggründen und Umständen, die zu ihrer Entstehung geführt haben. Für moderne Leser ist deshalb das Verständnis der Originalarbeiten mitunter sehr erschwert, auch wenn sie mit dem Inhalt der jeweiligen Theorie vertraut sind.

Mit einer historischen Annäherung soll im ersten Teil die Voraussetzung für die Lektüre von fünf Originalarbeiten Prandtls zur Grenzschicht- und Turbulenztheorie geschaffen werden, die im zweiten Teil abgedruckt sind. Diese Annäherung ist in fünf gleichlautende Kapitel gegliedert, um die Zuordnung zu der betreffenden Publikation Prandtls im zweiten Teil zu erleichtern. Bei Seitenverweisen wird jeweils auf die betreffende Seitenzahl in der ursprünglichen Publikation und in Klammern auf die Seitenzahl in Ludwig Prandtls Gesammelten Abhandlungen (LPGA) verwiesen.

Über Flüssigkeitsbewegung bei sehr kleiner Reibung (S. 64)

Michael Eckert

1.1 Frühe Grenzschichtkonzepte

Leonhard Euler und Jean-Baptiste le Rond d'Alembert haben mit den Bewegungsgleichungen für ideale Fluide ein paradox anmutendes Ergebnis zutage gefördert: Obwohl ein Körper das gegen ihn anströmende Medium zum Ausweichen zwingt, erfährt er keinen Widerstand. D'Alembert machte im Jahr 1768 auf dieses widersinnig erscheinende Resultat mit einer Abhandlung aufmerksam, der er den Titel „Paradoxe proposé aux géomètres sur la résistance des fluides" gab. Genau genommen ist das „d'Alembert'sche Paradox" aber kein Paradox, denn es gilt nur unter der Annahme einer idealen (d. h. reibungsfreien) Flüssigkeit. Dennoch ist es nicht leicht zu verstehen, warum das Ausweichen der Flüssigkeit (das ja auch im reibungsfreien Fall unerlässlich ist) nicht mit einer Kraftwirkung auf das Hindernis verbunden ist. Euler hat dieses „Paradox" bereits 1745 analysiert. Unter Verwendung der Kontinuitätsgleichung verfolgte er die Bewegung von Flüssigkeitsteilchen in einem Kanal um ein Hindernis und bilanzierte aus deren Geschwindigkeitsänderungen die auftretenden Kräfte. Nach Aufsummieren aller infinitesimalen Kraftkomponenten in Flussrichtung („Direction AB") kam er zu dem Ergebnis:[1]

> Geht man soweit, daß die flüssige Materie um den Körper völlig vorbey geflossen, und ihren vorigen Lauf wiederum erlanget hat, so wird (...) die auf den Körper nach der Direction AB wirkende Kraft = 0, und der Körper erlitte gar keinen Widerstand.

[1] Zitiert in Szabó (1979, S. 245).

M. Eckert (✉)
Forschungsinstitut, Deutsches Museum, München, Deutschland
E-mail: m.eckert@deutsches-museum.de

Mit diesem „Euler-d'Alembert'schen Paradox", wie es eigentlich heißen sollte, rückte die Ursache für den Strömungswiderstand eines Körpers ins Zentrum vieler Untersuchungen. War die Ursache für das Paradox nur in der Vernachlässigung der Viskosität des Fluids zu suchen? Die zur Fortbewegung eines Körpers dauernd notwendige Verdrängung von Flüssigkeit sollte auch in einem idealen Fluid nicht folgenlos bleiben. Dieses Problem wurde 1852 als ein mathematisches, mit den Eulergleichungen lösbares Problem von Gustav Lejeune Dirichlet aufgegriffen:[2]

> Wie es scheint, ist bis jetzt für keinen noch so einfachen Fall der Widerstand, den ein in einer ruhenden Flüssigkeit fortbewegter fester Körper von dieser erleidet, aus den seit Euler bekannten allgemeinen Gleichungen der Hydrodynamik abgeleitet worden, oder, was im Grunde auf dasselbe hinauskommt, giebt es kein Beispiel einer rein theoretischen Bestimmung der Modificationen, welche ein im Innern einer Flüssigkeit befindlicher unbeweglicher fester Körper in der fortschreitenden Bewegung derselben hervorbringt.

Dirichlet untersuchte den Fall einer festgehaltenen Kugel in einem durch eine beschleunigende Kraft angetriebenen, anfänglich ruhenden Flüssigkeitsstrom. „Hört die beschleunigende Kraft zu wirken auf, so verschwindet auch der Druck", so fand er das Euler-d'Alembert'sche Paradox bestätigt. Dieselbe Analyse ergab für den Fall, dass die Kugel durch das ruhende Medium bewegt wird, einen von der Beschleunigung abhängigen Widerstand, der bei gleichförmiger Bewegung verschwand. Einen Ausweg aus diesem Paradox schien nur die Berücksichtigung der Zähigkeit zu bieten, wie es Gabriel Stokes in einer 1850 veröffentlichten Abhandlung „On the Effect of the Internal Friction of Fluids on the Motion of Pendulums" gezeigt hatte (Darrigol 2005, Abschn. 3.6). Die in linearer Näherung aus der Navier-Stokes-Gleichung abgeleitete „Stokes'sche Reibung" ergab für den Widerstand einer Kugel bei gleichförmiger Bewegung einen proportional mit der Geschwindigkeit, der Zähigkeit und dem Kugelradius anwachsenden Widerstand. Die Stokes'sche Reibung zeigte aber nur bei sehr geringen Geschwindigkeiten, wie etwa bei langsam absinkenden Nebeltröpfchen, Übereinstimmung mit praktischen Beobachtungen.

Die ersten Vorstellungen einer dünnen, an der Oberfläche des umströmten Körpers haftenden Flüssigkeitsschicht, in der die Fließgeschwindigkeit von null (durch Haften an der Körperoberfläche) bis zur Geschwindigkeit der freien Strömung in geringem Abstand davon anwächst, ergaben sich nicht aus theoretischen Arbeiten, sondern aus der praktischen Erfahrung von Hydraulikingenieuren. Alle den Widerstand betreffenden Prozesse würden demnach in dieser Schicht stattfinden, außerhalb durfte die Strömung als reibungsfrei angenommen werden – so ließ sich plausibel machen, was man bei Kanal- und Rohrströmungen sowie einer Vielzahl von anderen Strömungsvorgängen beobachtete. Pierre Simon Girard, ein Ingenieur von der Pariser École des Ponts et Chaussées, vermutete schon hundert Jahre vor Prandtl in einer Untersuchung über den Strömungswiderstand bei Kanälen, dass „eine

---

[2] Dirichlet (1852, S. 12). Siehe dazu auch Eckert (2006, Abschn. 1.6).

mehr oder weniger dicke Flüssigkeitsschicht" an den Kanalwänden haftet und für den Widerstand verantwortlich ist:[3]

> Par l'effet de l'adhérence du fluide aux parois du canal dans lequel il se meut, il arrive qu'une
> couche plus ou moins épaisse de ce fluide reste attachée à ses parois [...] Une section quel-
> quonque du courant est donc retenue dans la position qu'elle occupe actuellement, par la force
> avec laquelle toutes les molécules de son périmètre adherent à la couche fluide qui mouille les
> parois.

Gaspard de Prony, Direktor der École des Ponts et Chaussées, entwickelte Girards Vorstellung weiter und leitete eine Formel ab, wonach sich der Widerstand bei der Kanalströmung
ebenso wie bei der Rohrströmung aus zwei Teilen zusammensetzt, die linear bzw. quadratisch
mit der Strömungsgeschwindigkeit anwachsen. Für letzteren machte er die Wandrauhigkeit
verantwortlich:[4]

> ... les obstacles dus à des aspérités disséminées sur la paroi, que l'adhérence de ces aspérités
> à cette paroi doit être supposée plus grande que celle qui retient les molécules fluides les unes
> aux autres.

Ein weiterer Repräsentant der Eliteschulen des französischen Ingenieurwesens, der sich um
die Widerstandsgesetze der Kanal- und Rohrströmung im 19. Jahrhundert verdient machte,
war Henry Darcy. „Er spürte zumindest qualitativ, welche Rolle die Grenzschicht spielt", so
wird auch Darcy in einer Geschichte der Hydraulik zu den Vordenkern des Grenzschichtkonzepts gezählt (Rouse und Ince 1957, S. 170; Simmons 2008). Ähnliches gilt für den
Schiffbauingenieur William Froude, der in den 1870er Jahren für die britische Admiralität
die Ursachen des Schiffswiderstands erforschte. Bei Schleppversuchen von Platten verschiedener Länge kam er zu Ergebnissen, die fast wie eine Vorwegnahme der Prandtl'schen
Grenzschichttheorie anmuten (Rouse und Ince 1957, S. 185–187).

Im Unterschied zu diesen, aus dem Blickwinkel von Ingenieuren entwickelten Vorstellungen finden sich erst gegen Ende des 19. Jahrhunderts auch bei Theoretikern Überlegungen,
die im Zusammenhang mit Strömungsinstabilitäten eine Grenzschicht ins Spiel brachten.
Den Anfang machte 1880 Lord Rayleigh mit einer Stabilitätstheorie für parallele geschichtete Strömungen. Damit rückten auch die von Helmholtz schon früher in die Theorie eingeführten Diskontinuitätsflächen zwischen unstetig aneinander vorbeifließenden Strömungen
in den Blick, die für das Entstehen von Wirbeln verantwortlich gemacht wurden. Gabriel
Stokes führte zum Beispiel den Widerstand eines durch eine ruhende Flüssigkeit geschlepp-
ten Körpers auf die im Nachlauf auftretenden Wirbel zurück. Dafür verantwortlich sei eine
Strömungsinstabilität nahe der Körperoberfläche, die zur Entstehung einer dünnen Diskontinuitätsfläche („a very minute surface of discontinuity") führe. Stokes tauschte sich darüber
in einem jahrelangen Briefwechsel mit William Thomson, besser bekannt als Lord Kelvin,

---

[3] Girard (1803, S. 36).
[4] de Prony (1804, S. 53–54).

aus – ohne dass es zu einer Einigung über die strittigen Fragen um die Entstehung von Diskontinuitätsflächen kam (Darrigol 2005, S. 201–206).

1.2 Prandtls Heidelbergvortrag

Um 1900 war die Idee einer für den Strömungswiderstand verantwortlichen Grenzschicht also nicht neu – sei es in Form einer an der Körperoberfläche haftenden Reibungsschicht oder einer instabilen, in Wirbel ausufernden Diskontinuitätsfläche. Keine von diesen Vorstellungen bot jedoch ausreichend Ansatzpunkte für eine weitergehende theoretische Analyse. Aus den einleitenden Bemerkungen Prandtls in seinem Vortrag beim Dritten Internationalen Mathematiker-Kongress in Heidelberg[5] könnte man den Eindruck gewinnen, er habe seine Grenzschichtvorstellung aus der Weiterentwicklung früherer theoretischer Überlegungen gewonnen. Er zitierte gleich im ersten Absatz Rayleighs Arbeit „On the Stability, or Instability, of certain Fluid Motions" (Rayleigh 1880) und erwähnte daran anschließend „die Dirichletsche Kugel, die sich nach der Theorie widerstandslos bewegen soll" (Prandtl 1905, S. 485 (576)) – ohne sich jedoch mit diesen Theorien weiter auseinanderzusetzen.

Tatsächlich dürften die Anspielungen auf diese theoretischen Arbeiten eher dem Anlass des Mathematikerkongresses geschuldet gewesen sein, dem Prandtl mit einer Dosis Theorie gerecht werden wollte. Selbst das Attribut „Grenzschichttheorie" ist eine retrospektive Bewertung dessen, was Prandtl in Heidelberg präsentierte. Das Wort Grenzschicht nahm Prandtl nur ein Mal in den Mund; stattdessen sprach er des Öfteren mit Blick auf Anwendungen von einer Flüssigkeitsschicht, die sich von der Wand in die freie Strömung hineinschiebt und „dort, eine völlige Umgestaltung der Bewegung bewirkend, dieselbe Rolle wie die Helmholtzschen Trennungsschichten" spielt (Prandtl 1905, S. 488 (578)). Mit Skizzen und Fotografien, die er an einem selbst gebauten Wasserversuchskanal angefertigt hatte, versuchte er diesen Vorgang anschaulich zu machen. Der überwiegende Teil des Vortrags betraf die Ablösung der Strömung von der Oberfläche eines Körpers. Nur auf einer Seite präsentierte Prandtl die Differenzialgleichung für die ebene (laminare) Grenzschichtströmung – ohne Ableitung und Diskussion der dabei gemachten Näherungen. Das einzige, über qualitative Betrachtungen hinausgehende Ergebnis war eine Formel für den Widerstand einer längs angeströmten Platte mit einem in grober Näherung berechneten Reibungskoeffizienten (Prandtl 1905, S. 487 (577–578)).

Was Prandtl in Heidelberg den versammelten Mathematikern präsentierte, war daher eher eine Vorstellung der Strömungsablösung als eine mathematische Theorie der Grenzschicht. Seine Beweggründe werden mit Blick auf seine frühe Karriere deutlich (Eckert 2017). Nach dem Studium an der Technischen Hochschule in München sah er sich bereits kurz nach

---

[5] Im Folgenden als „Grenzschichtvortrag" abgekürzt. Die publizierte Fassung wird in Teil 2 so wiedergegeben, wie sie in Ludwig Prandtls Gesammelten Abhandlungen (LPGA) abgedruckt wurde. Bei der Bezugnahme auf einzelne Textstellen wird auf die ursprüngliche Publikation (Prandtl 1905) verwiesen. Die LPGA-Seitenzahlen werden in Klammern ergänzt.

Antritt seiner ersten Stelle als frischgebackener Maschineningenieur mit dem Problem der Strömungsablösung konfrontiert. „In einer größeren Luftleitungsanlage in der Maschinenfabrik Nürnberg hatte ich ein konisch erweitertes Rohr angeordnet, um dadurch Druck wiederzugewinnen," so erinnerte er sich viele Jahre später an seine erste Praxiserfahrung, „der Druckwiedergewinn ist aber ausgeblieben und dafür ist eine Ablösung der Strömung eingetreten." (Prandtl 1948, S. 90 (1605)) Wenig später wurde Prandtl als Professor der Mechanik an die Technische Hochschule Hannover berufen. Das Problem der Strömungsablösung ließ ihn aber nicht los, wie ein Vortrag am 27. November 1903 über „Späne- und Staubabsaugung" im Hannoveraner Bezirksverein des Vereins Deutscher Ingenieure (VDI) zeigt:[6]

> Aus der Praxis führte der Vortragende ein interessantes Beispiel an, nach welchem in der Holzbearbeitungswerkstätte der Maschinenbaugesellschaft Nürnberg zum Antrieb der Werkzeugmaschinen 160 PS. und für den Betrieb der noch dazu ungenügend funktionierenden Absaugung weitere 100 PS. gebraucht wurden. Nach Einbau der vom Vortragenden erfundenen kraftsparenden Einrichtungen ging der Kraftverbrauch auf 35–40 PS. zurück.

Praktisch hatte Prandtl das Problem umschifft, indem er „die Rohre glatt und mit möglichst wenig Krümmungen" ausführte und so eine Strömungsablösung weitgehend verhinderte. Theoretisch aber war das Problem ungelöst und deshalb für Prandtl auch als Professor an der Technischen Hochschule Hannover eine große Herausforderung – umso mehr, als die Strömungsablösung bei einer Vielzahl von Anwendungen auftrat und mitunter für Überraschungen sorgte. „In einer bisher nicht veröffentlichten hydrodynamischen Untersuchung konnte ich nachweisen, dass eine Flüssigkeitsströmung dann Neigung hat sich von der Wand abzulösen, wenn längs der Wand in der Bewegungsrichtung eine Drucksteigerung vorhanden ist." So machte Prandtl das Phänomen der Strömungsablösung auch für ein bislang unerklärtes Verhalten von Dampfströmungen durch Düsen verantwortlich (Prandtl 1904a, S. 349).

Mit dieser, in der Zeitschrift des VDI im März 1904 veröffentlichten Äußerung verriet Prandtl ein halbes Jahr vor seinem Heidelberger Grenzschichtvortrag erstmals öffentlich, dass er die Strömungsablösung zu seinem Forschungsthema gemacht hatte. Aus einem Konvolut von Manuskriptblättern in seinem Nachlass geht hervor, dass er bereits im Mai 1903 mit seinen Untersuchungen dazu begonnen hatte. Dass er seine Notizen datierte, lässt vermuten, dass er sich anhand der Chronologie der dabei aufgeworfenen Fragestellungen und jeweiligen Lösungsversuche Rechenschaft über die erzielten Fortschritte ablegen wollte. „17.V.03. Gesetz des Reibungswiderstands in einer allseitig unendlichen oder von festen Wänden begrenzten inkompressiblen Flüssigkeit", so überschrieb er zum Beispiel eine Manuskriptseite. Am 9. Juni 1903 fertigte er Skizzen über die „Auflösung einer Wirbelfläche in einer reibungslosen Flüssigkeit" an, um die Umgestaltung einer Flüssigkeitsbewegung durch Wir-

---

[6] Prandtl (1904b, S. 459). Prandtls Verbesserungen führten zu mehreren Patenten und zur Einrichtung einer selbständigen Abteilung für Absaugungsanlagen, die rasch expandierte und MAN zu einem führenden Hersteller von Klimaanlagen machte. Siehe dazu (Eckert 2017, S. 22–26).

belbildung zwischen aneinander grenzenden ebenen Flüssigkeitsschichten anschaulich zu machen (Abb. 1.1).

Diese und weitere Skizzen benutzte Prandtl auch bei seinem Vortrag in Heidelberg. Um seiner Vorstellung vom Ablösungsprozess der Strömung weiteren Rückhalt zu verschaffen, konstruierte er einen Versuchskanal, in dem er verschieden geformte Körper einer Wasserströmung aussetzte und die Ablösung von Wirbeln im Nachlauf fotografierte (Abb. 1.2). Zwölf so angefertige Fotografien präsentierte er ebenfalls in Heidelberg, wobei er im Fall

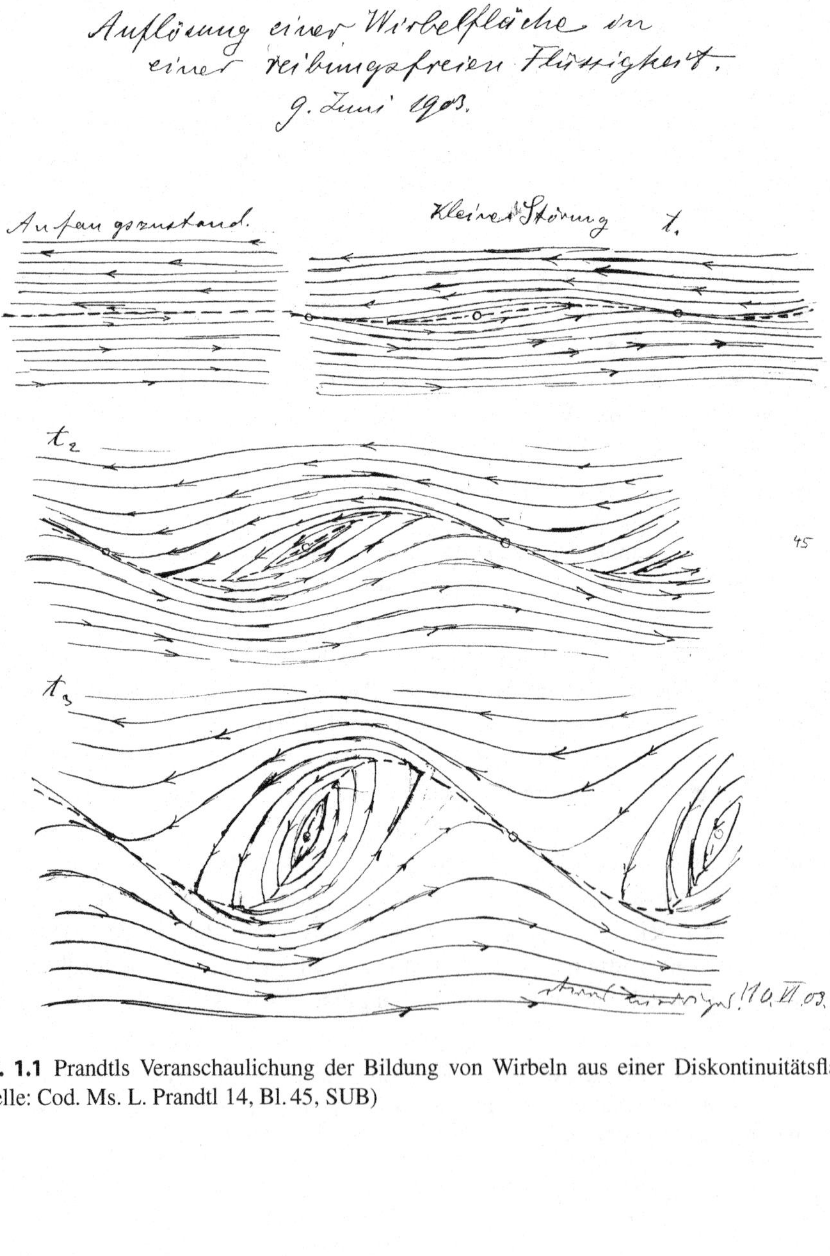

Abb. 1.1 Prandtls Veranschaulichung der Bildung von Wirbeln aus einer Diskontinuitätsfläche. (Quelle: Cod. Ms. L. Prandtl 14, Bl. 45, SUB)

Abb. 1.2 Ludwig Prandtl vor dem Wasserversuchskanal, in dem er die Fotografien für seinen Heidelberger Grenzschichtvortrag anfertigte. (Quelle: DLR, GG-0010)

eines umströmten Zylinders auch demonstrierte, wie durch Absaugen der „Übergangsschicht" an der Rückseite des Zylinders der Ablösungsvorgang beeinflusst werden konnte. „Wenn sie fehlt, muss auch ihre Wirkung, die Ablösung, ausbleiben" (Prandtl 1905, S. 491 (584) und Nr. 11 und 12 der Bildtafel).

In einem Resümee, das Prandtl an das *Bulletin of the American Mathematical Society* für deren Kurzberichte der Kongressvorträge übersandte, legte er ebenfalls großen Wert auf die Erwähnung seiner Fotografien. „Es werden Photogramme von Versuchen gezeigt und mit Hilfe der Theorie gedeutet." Als das „wichtigste Ergebnis" bezeichnete er „die Erklärung für die Entstehung von Trennungsflächen (Wirbelflächen) an stetig gekrümmten Grenzflächen".[7]

1.3 Die ersten Anwendungen der Grenzschichttheorie

Im Herbst 1904 wurde Prandtl an die Universität Göttingen berufen, wo der umtriebige Mathematiker Felix Klein den sonst nur an technischen Hochschulen vertretenen Inge-

---

[7] Prandtl an H. W. Tyler, undatiert. Cod. Ms. L. Prandtl 14, Bl. 42–43. SUB. Die amerikanische Übersetzung dieser Zusammenfassung erschien im *Bulletin of the American Mathematical Society,* 11:5, 1905, S. 251–252.

nieurfächern eine neue Heimat mit stärkerer wissenschaftlichen Orientierung verschaffen wollte. Prandtl und der gleichzeitig nach Göttingen berufene Mathematiker Carl Runge verkörperten diese Bestrebungen als Direktoren eines neu gegründeten Instituts für angewandte Mathematik und Mechanik, das für die Entwicklung des Grenzschichtkonzepts und anderer anwendungsnaher Theorien wie der Aerodynamik einen idealen Nährboden darstellte (Eckert 2017, Kap. 3). Was Prandtl in seinem Heidelbergvortrag nur kurz angedeutet hatte – die Berechnung der Grenzschicht an einer längs angeströmten Platte mit der daraus resultierenden Oberflächenreibung, die Grenzschichtablösung und andere damit verbundene mathematische Probleme – konnte er jetzt in Doktorarbeiten und Seminaren ausgestalten lassen.

Den Auftakt machte Heinrich Blasius mit einer Dissertation über „Grenzschichten in Flüssigkeiten mit kleiner Reibung" (Blasius 1907). Darin wurde der Begriff der Grenzschicht auf laminare Strömungen eingegrenzt und für eine mathematische Behandlung aufbereitet. Blasius zeigte, wie für zweidimensionale Probleme aus der Navier-Stokes-Gleichung und der Kontinuitätsgleichung bei kleiner Reibung näherungsweise die „Grundgleichungen für unsere Grenzschichten" abgeleitet werden konnten. Im Fall der stationären Plattenströmung konnte er mit einem Reihenansatz das Geschwindigkeitsprofil in der Grenzschicht berechnen und eine Formel für den Strömungswiderstand R ableiten, sodass die Theorie auch mit experimentellen Messungen verglichen werden konnte (Blasius 1907, S. 15):

$$R = 1{,}327b\sqrt{k\rho l U^3}\,.$$

Darin ist b die Breite und l die Länge der Platte, k und ρ die Reibungskonstante bzw. Dichte der Flüssigkeit und U die Anströmgeschwindigkeit. Für den Vorfaktor hatte Prandtl in seinem Heidelbergvortrag den Wert $1{,}1$ angegeben. Die mathematische Durchführung, der Prandtl in seinem Vortrag keinen Raum eingeräumt hatte, beanspruchte bei Blasius zehn Seiten in der Dissertation. Prandtls Manuskriptblätter aus dem Jahr 1904 lassen vermuten, dass er sich damit selbst erfolglos herumgeschlagen hat und sich dann mit einer Dimensionsbetrachtung und einem groben Schätzwert für den Vorfaktor in der Widerstandsformel zufriedengab.[8] In weiteren Teilen seiner Dissertation berechnete Blasius die Ablösestelle der laminaren Grenzschicht um einen Zylinder in einer stationären Strömung sowie die Entstehung der Grenzschicht und ihre Ablösestelle bei plötzlicher Bewegung aus dem Ruhezustand heraus und bei gleichförmiger Beschleunigung.

Eine weitere Beachtung fand das Grenzschichtkonzept in einem Seminar über Hydrodynamik, das Felix Klein zusammen mit Prandtl, Runge und dem Geophysiker Emil Wiechert im Wintersemester 1907/08 an der Universität Göttingen veranstaltete. Blasius' Dissertation diente dabei als Grundlage von Seminarvorträgen über „Stationäre Strömung inkompressibler reibender Flüssigkeiten" und „Grenzschichten und Ablösung von Wirbeln". Dabei wurde der Begriff der „Grenzschicht" bereits wie eine fest etablierte hydrodynamische Größe benutzt und mit konkreten Angaben versehen. Für die „Dicke der Grenzschicht bei einer

---

[8] Cod. Ms. L. Prandtl 14, Bl. 36–37. SUB.

Wasserturbine", so wurde ein Anwendungsfall diskutiert, „erhalten wir $\delta = 0,24$ mm. Beim Ausströmen von Dampf aus einer Düse erhalten wir $\delta = 0,05$ mm." Den Seminarteilnehmern wurde damit anschaulich vermittelt, dass das Grenzschichtkonzept mit sehr konkreten Daten und Vorstellungen einherging. „Es wurden dann noch Projektionsbilder gezeigt, welche photographische Aufnahmen von Wasserströmungen um Hindernisse wiedergaben", gab der nächste Vortragende in diesem Seminar zu Protokoll, um damit die Praxisrelevanz des Grenzschichtkonzepts weiter zu unterstreichen (Eckert 2019, S. 115–116 und 125).

Kurz darauf erweiterte ein anderer Doktorand Prandtls, Ernst Boltze, die bisher nur für zweidimensionale Probleme durchgeführten Grenzschichtrechnungen auf Rotationskörper. Die dafür abgeleiteten Differentialgleichungen ließen sich nicht wie bei der Grenzschicht an einer Platte oder entlang der Kontur eines Kreiszylinders analytisch lösen, sondern erforderten numerische Methoden, für die Boltze in Runges benachbartem Institut Unterstützung suchte und fand. Damit deutete sich schon an, dass die Grenzschichttheorie auch zu einer Spielwiese numerischer Mathematik wurde. Mehr als die Hälfte der 54 Seiten umfassenden Dissertation bestand in der Durchführung numerischer Verfahren für die Bestimmung einer „Ablösungsgleichung" (Boltze 1908, S. 10–44).

Nachdem in den Doktorarbeiten von Blasius und Boltze die mathematischen Aspekte ausgearbeitet waren, die Prandtl in seinem Heidelbergvortrag ausgeblendet hatte, galt es nun, das Grenzschichtkonzept auch experimentell weiter zu vertiefen. „Die Grenzschicht an einem in den gleichförmigen Flüssigkeitsstrom eingetauchten geraden Kreiszylinder", so lautete das Thema der Dissertation, mit der Prandtl die Beobachtungen in seinem Wasserversuchskanal aus dem Jahr 1904 nun durch quantitative Messungen über den Druckverlauf entlang der Zylinderwand ergänzen wollte. Der Doktorand, dem Prandtl dieses Aufgabe anvertraute, war Karl Hiemenz, der bereits als Student im Hydrodynamikseminar 1907/08 mit einem Vortrag „Über Wirbelbewegung" einige Vertrautheit mit den damit verbundenen Problemen bewiesen hatte (Eckert 2019, S. 53, 87–92). Hiemenz konstruierte dafür einen neuen Versuchskanal, bei dem eine elektrisch angetriebene Kreiselpumpe für einen regulierbaren Wasserumlauf sorgte und verschiedene Messeinrichtungen die Geschwindigkeit und den Druck in der Strömung um den Zylinder mit größtmöglicher Genauigkeit registrierten. Die Stelle der Strömungsablösung von der Zylinderwand wurde mit einem ins Wasser geleiteten dünnen Farbstrom bestimmt. „Als Endresultat ergibt sich eine quantitativ sehr befriedigende Übereinstimmung von Beobachtung und Rechnung," schloss Hiemenz seine Untersuchung (Hiemenz 1911, S. 21).

Ganz befriedigend war der Abgleich von Experiment und Theorie jedoch nicht, wie Hiemenz eher beiläufig einräumte. Die Strömungsablösung verlief nicht völlig stationär. An der stromabgewandten Seite des Zylinders zeigten sich „wegen der Unruhe des Wirbelschwanzes" Druckschwankungen und eine „kleine Unsymmetrie", die Hiemenz jedoch als „Einfluss der Pumpe" abtat (Hiemenz 1911, S. 14). Tatsächlich stellte sich damit die Frage nach der Stabilität des Wirbelsystems im Nachlauf des Zylinders, die Theodore von Kármán danach zum Gegenstand einer grundlegenden theoretischen Untersuchung machte (von Kármán 1911, 1912). Prandtl stellte Kármán einen Studenten zur Seite, der Fotografien des

Wirbelsystems anfertigte und anschließend „Über die Entstehung und Fortbewegung des Wirbelpaares hinter zylindrischen Körpern" promovierte (von Kármán und Rubach 1912; Rubach 1914). Die paarweise symmetrische Wirbelablösung vom Zylinderrand erwies sich als instabil; die stabile alternierende Anordnung der Wirbel im Nachlauf ging als „Kármánsche Wirbelstraße" in die Geschichte der Strömungsmechanik ein (von Kármán 1967, S. 61–65). Der damit verknüpfte Impulstransport stellt für nicht-stromlinienförmige Körper einen nennenswerten Beitrag zum Strömungswiderstand dar (Formwiderstand), der sich vor Kármáns Untersuchung einer theoretischen Erfassung entzog. Nimmt man die Grenzschicht-Untersuchung von Hiemenz als Auslöser für die Folgearbeiten von Kármán und Rubach, dann gehört auch die „Kármánsche Wirbelstraße" noch zu den frühen Anwendungen des Grenzschichtkonzepts – obwohl darin die Grenzschicht selbst keine Rolle spielt (außer als Ursache für die Wirbelablösung).

Neben diesen Arbeiten im Institut für angewandte Mechanik der Universität Göttingen fand das Grenzschichtkonzept auch in dem 1910 in Betrieb genommenen Windkanal der kurz vorher gegründeten „Motorluftschiffmodell-Versuchsanstalt" eine erste Anwendung. Die von Prandtl geleitete Modellversuchsanstalt hatte die Aufgabe, an Luftschiffmodellen die dabei wirkenden Kräfte zu messen und eine optimale Form zu ermitteln, bei der ein Luftschiff den geringsten Strömungswiderstand erfährt (Rotta 1990). Diesem Ziel war auch die Doktorarbeit von Georg Fuhrmann, Prandtls erstem Mitarbeiter an der Modellversuchsanstalt, über „Theoretische und experimentelle Untersuchungen an Ballonmodellen" gewidmet. Fuhrmann verglich die theoretisch für ideale Fluide berechnete Druckverteilung um Luftschiffkörper mit den experimentell im Windkanal ermittelten Messwerten. „Bei sämtlichen Modellen ist aber in der gleichen Weise eine bedeutende Abweichung von der theoretischen Druckverteilung am hinteren Ende zu erkennen," so fasste er das Ergebnis zusammen. Der dort gemessene Druck kompensierte nicht den am vorderen Teil des Luftschiffkörpers gemessenen Druck, was nach der Theorie der idealen Fluide der Fall sein sollte (Euler-d'Alembert'sches Paradox). „Nach der Ablösungstheorie von Prof. Prandtl ist dies auch vollkommen erklärlich," so bezog er sich auf die Grenzschichttheorie, „denn an dem hinteren Ende der Körper, wo die durch die Reibung verzögerte Strömung in ein Gebiet höheren Druckes eintritt, sind die Bedingungen für die Ablösung der Strömung und die Ausbildung von Wirbeln gegeben; diese Wirbel entsprechen dem, was man bei einem Schiff als Kielwasser bezeichnet." (Fuhrmann 1912, S. 105)

Damit rückte einmal mehr die Grenzschicht als Ursprung für die Strömungsablösung in den Blick. „Die Arbeiten der Modellversuchsanstalt erfahren eine weitere Ergänzung durch Arbeiten im Institut für angewandte Mechanik", so brachte Prandtl im Jahresbericht über die Modellversuchsanstalt für 1912/13 die Zusammengehörigkeit seiner universitären Forschungen mit dem Windkanalversuchswesen zum Ausdruck. „So werden hier an einer kleinen Modellschleppeinrichtung mittels Photographie und Kinematographie Versuche über die Strömungsformen bei der Bewegung von Körpern durchgeführt." (Prandtl 1913a, S. 81) In einem Artikel für das *Handwörterbuch der Naturwissenschaften* präsentierte Prandtl eine Reihe solcher Fotografien mit Verweis auf die „fundamentale Bedeutung der Grenzschichten", die sich unter bestimmten Bedingungen „in die freie Flüssigkeit hinausschieben und so zur Ablösung der Strömung von der Wand und zur Erzeugung von Wirbeln Anlaß geben." (Prandtl 1913b, S. 117) Als „Ablösungstheorie" lieferte das Grenzschichtkonzept bei Schleppversuchen im Wasser wie im Windkanal die Erklärung für eine Vielzahl von Strömungserscheinungen und diente als Motivation für neue Experimente – was der bislang ausschließlich als laminar verstandenen Grenzschicht bald auch die turbulente Grenzschicht an die Seite stellte.

Michael Eckert

2.1 Luftwiderstandsmessungen im Windkanal

Das Phänomen der Turbulenz dürfte Prandtl von Anfang an als besondere Herausforderung erschienen sein. In dem von ihm mitveranstalteten Seminar über Hydrodynamik im Wintersemester 1907/08 war nach den Grenzschichtvorträgen die Turbulenz das nächste Thema. Der Referent war Heinrich Blasius, Prandtls erster Grenzschichtdoktorand, den er zu seinen engsten Mitarbeitern zählte und mit dem er auch nach Abschluss der Promotion ein Leben lang brieflich in Kontakt blieb.[1] Blasius lieferte in zwei Vorträgen eine kompakte Übersicht über „Turbulente Strömungen" (Eckert 2019, S. 127–136) – aber daraus ergab sich kein Ansatzpunkt für eine Einbeziehung der Turbulenz in das Grenzschichtkonzept. Zwei Jahre später analysierte Prandtl den Wärmeübergang bei Rohrströmungen von der Wand ins Rohrinnere, bei dem er der Turbulenz eine wichtige Rolle zuerkannte (Prandtl 1910b). Doch auch daraus folgte noch kein Ansatz für eine turbulente Grenzschichttheorie.

Der entscheidende Anstoß für eine Erweiterung des Grenzschichtkonzepts ging nicht von der Theorie aus, sondern von Windkanalmessungen. Im *Jahrbuch der Motorluftschiff-Studiengesellschaft* für den Zeitraum 1907–1910 und in der *Zeitschrift des Vereins Deutscher Ingenieure* beschrieb Prandtl in allen Einzelheiten den Windkanal und die Versuchseinrichtungen seiner Modellversuchsanstalt, mit denen in einem Messquerschnitt von 2 × 2 m die vom Luftstrom auf ein Modell ausgeübten Kräfte und der Druck an verschiedenen Stellen der Modelloberfläche gemessen wurden (Prandtl 1908, 1909, 1910a). Den Anfang bildeten Fuhrmanns Windkanalmessungen von verschieden geformten Luftschiffmodellen (siehe

---

[1] Korrespondenz zwischen Blasius und Prandtl, 1907–1914, in GOAR 3684; 1930–1952 in AMPG, Abt. III, Rep. 61, Nr. 144. Zur Karriere von Blasius siehe (Hager 2003).

M. Eckert (✉)
Forschungsinstitut, Deutsches Museum, München, Deutschland
E-mail: m.eckert@deutsches-museum.de

Abschn. 1.3). „Von den Widerstandsversuchen an Ballonmodellen ist ein Teil im Auftrage von Major v. Parseval und der Zeppelin-Luftschiffbaugesellschaft ausgeführt", so erklärte Prandtl den Beginn dieser Messungen, die als Auftragsforschung begannen, aber auch seine eigenen Forschungsinteressen weckten (Prandtl 1910a, S. 147):

> Für die Untersuchungen wurden zum Teil Modelle aus Ballonstoff, die entweder aufgeblasen wurden oder mit einem Metallgerippe versehen waren, meist aber Metallmodelle benutzt. Die letzteren bieten den Vorteil, dass man den Formwiderstand getrennt bestimmen kann; dies geschieht, indem man die Modelle mit feinen Anbohrungen versieht, und damit die Verteilung des Luftdruckes über die Oberfläche durch ein mit dem Innern des Modells verbundenes empfindliches Manometer ermittelt. Durch Integration der Druckverteilung erhält man dann den Formwiderstand des Modells, und als Differenz gegen den mit der Waage gemessenen Gesamtwiderstand den Reibungswiderstand.

Mit denselben Problemen war auch Blasius beschäftigt, der nach seiner Promotion im Juli 1908 eine Stelle bei der Preußischen Versuchsanstalt für Wasserbau und Schiffbau in Berlin angetreten hatte und nebenbei als Berater für den Bau von starren Luftschiffen beschäftigt war. „Da hat sich die Frage erhoben", schrieb er an Prandtl, „ob das Ding kurz und dick, oder lang und dünn sein soll, ob also die Oberflächenreibung oder der Formwiderstand überwiegt."[2]

Das so geschärfte Verständnis der unterschiedlichen Widerstandsbeiträge durch Reibung an der Ballonhülle (Hautwiderstand) und durch Wirbelablösung (Formwiderstand) warf auch die Frage der Vergleichbarkeit von Messungen an unterschiedlich großen Modellen und in verschiedenen Versuchseinrichtungen auf. „Die Nachprüfung und Übertragung der Froude'schen Theorie auf Luftschiffe kann nun wohl bald in Ihrer Versuchsanstalt geschehen?", vermutete Blasius.[3] Damit spielte er auf die Ähnlichkeitstheorie an, die William Froude aus Schleppversuchen von Modellen für den Schiffbau abgeleitet hatte (Brown 2006). Blasius widmete diesem Thema eine kurze Studie über „Das Ähnlichkeitsgesetz bei Reibungsvorgängen", in der er für die im Windkanal oder bei der Rohrströmung maßgeblichen Verhältnisse das Ähnlichkeitsgesetz von Reynolds für zuständig erklärte. Es würde den Vergleich verschiedener Widerstandsmessungen erleichtern, wenn man den Widerstandsbeiwert „von vornherein nur als Funktion der einen Veränderlichen vd/v auftragen" würde, also der Reynolds-Zahl (v = Strömungsgeschwindigkeit, d = charakteristische Länge, z. B. Rohrdurchmesser, v = kinematische Viskosität), forderte Blasius für künftige Widerstandsmessungen (Blasius 1911, S. 1176). Daran anschließend unternahm er es selbst, die Fülle von Widerstandsmessungen bei der Rohrströmung sowie eigene Messungen in der Preußischen Versuchsanstalt für Wasserbau und Schiffbau nach dieser Maßgabe darzustellen (Blasius 1912, 1913).

---

[2] Blasius an Prandtl, 27. Juli 1909. GOAR 3684.
[3] Blasius an Prandtl, 22. August 1909. GOAR 3684.

2.2 Eiffels „Lapsus"

In Prandtls Modellversuchsanstalt wurde ebenso wie in anderen aerodynamischen Laboratorien, insbesondere in den um 1910 führenden Versuchseinrichtungen von Gustave Eiffel in Paris, der Luftwiderstand eines Gegenstands dargestellt durch den Ausdruck

$$W = \psi F \frac{\gamma v^2}{g},$$

wobei ψ den Widerstandskoeffizienten, F den größten Querschnitt des Körpers in Strömungsrichtung, γ das spezifische Gewicht des Fluids, g die Schwerebeschleunigung und v die Strömungsgeschwindigkeit bedeuten. Bei vielen Körpern war der Widerstandskoeffizient in einem großen Geschwindigkeitsbereich konstant. Die Luftwiderstandsmessungen in Prandtls Windkanal ergaben zum Beispiel für Kreisscheiben „in guter Übereinstimmung mit den Fallversuchen von Eiffel" den Widerstandskoeffizienten $\psi = 0,55$, für Kugeln $\psi = 0,22$, für Zylinder und nicht zu dünne Drähte $\psi = 0,45$, für dünnere Drähte „etwas mehr", für Seile mit rauher Oberfläche ergaben sich „Werte von ψ zwischen 0,50 und 0,60", so fasste Prandtl 1911 die Windkanalmessungen einer ersten systematischen Versuchsreihe über den Luftwiderstand zusammen (Prandtl 1911, S. 49). Eiffels Luftwiderstandsmessungen wurden in Monografien ausführlich dokumentiert und international als Standard angesehen (Eiffel 1907, 1910). Er hatte zuerst mit Fallversuchen aus 115 m Höhe von einem Zwischenstockwerk des Eiffelturms den Luftwiderstand verschiedener Körper gemessen, dann auf dem benachbarten Champ-de-Mars in einem Windkanal in einem 1909 errichteten Laboratorium, das 1911 demontiert und im folgenden Jahr mit einem vergrößerten Windkanal in Auteuil neu errichtet wurde.[4]

Die Göttinger und Pariser Luftwiderstandsmessungen ließen sich jedoch nicht direkt miteinander vergleichen, da die verschiedenen Laboratorien unterschiedliche Darstellungsweisen benutzten. „Es liegt nach dieser Betrachtung, die von Reynolds stammt, nahe, ψ abhängig von $(v \cdot d)$ aufzutragen", so begründete Otto Föppl, der 1911 in der Modellversuchsanstalt die Luftwiderstandsmessungen durchführte, die Darstellung einer Serie von Messwerten über den Widerstandskoeffizienten von Drähten mit unterschiedlicher Dicke d bei unterschiedlichen Geschwindigkeiten v (Föppl 1911, S. 84). Da die Zähigkeit des Fluids bei diesen Messungen unverändert blieb, entsprach dies, wie von Blasius gefordert, einer Darstellung als Funktion der Reynolds-Zahl. Eiffels Messungen lag dieselbe Widerstandsformel in der Form $R = K S V^2$ zugrunde (R = Widerstand, K = Widerstandskoeffizient, S = Fläche des der Strömung ausgesetzten größten Querschnitts, V = Geschwindigkeit des Luftstroms), aber die Werte des Widerstandskoeffizienten K wurden unmittelbar als Funktion der Geschwindigkeit dargestellt, sodass Reynolds Ähnlichkeit darin nicht zum Ausdruck kam. Föppl machte deshalb die in Paris und Göttingen angestellten Luftwider-

---

[4] (Black 1990; Durant 2013); siehe dazu auch Gérard Hartmann: Aérodynamique: les travaux de M. Eiffel, https://www.hydroretro.net/etudegh/les_travaux_de_m._eiffel.pdf.

standsmessungen zum Gegenstand einer Vergleichsstudie. Um von Eiffels K-Werten auf die Göttinger ψ-Werte zu kommen, musste man sie durch $\gamma/g = 0,1249$ dividieren. Föppl fand nach dieser Umrechnung „in den Ergebnissen der beiden Anstalten im ganzen eine recht gute Übereinstimmung" – nur beim Luftwiderstand von Kugeln sei Eiffel „offenbar ein Fehler unterlaufen". Der von Eiffel im Windkanal auf dem Champ-de-Mars bestimmte Widerstandskoeffizient $K = 0,011$ (Eiffel 1910, S. 76) betrug nach Umrechnung auf den Göttinger ψ-Wert 0,088, „während die Göttinger Messungen 0,22 – also 2,5 mal so viel – ergeben haben." Der Göttinger Wert passe auch viel besser zu den Widerstandskoeffizienten anderer Körper, „sodass hier auf alle Fälle mit einem Versehen Eiffels zu rechnen ist." (Föppl 1912, S. 121)

Otto Föppl stand mit Prandtl als Schwager auch privat in engem Kontakt. Sein „Eiffel-Bericht" dürfte in der ersten Fassung noch stärker die Konkurrenz zu Eiffels Laboratorium zum Ausdruck gebracht haben, denn er dankte Prandtl dafür, dass er als „unabhängiger Redakteur" den Bericht überarbeitet hatte, „während mich etwas mehr eine Vorliebe für Deine Anstalt bei der Abfassung des Artikels geleitet hat." Er gab zu, dass er „den Eiffel'schen Lapsus mit der Kugel etwas gar sehr breit getreten" habe, aber in der Sache fühlte er sich im Recht.[5]

Eiffel war um diese Zeit gerade mit dem Aufbau seines neuen Laboratoriums in Auteuil beschäftigt. Der Vorwurf, dass ihm beim Kugelwiderstand ein Fehler unterlaufen sein sollte, sorgte dafür, dass er in dem mit noch präziseren Messapparaturen ausgestatteten neuen Windkanal in Auteuil den Luftwiderstand von Kugeln erneut untersuchte. Bei Windgeschwindigkeiten von 2 m/s bis 30 m/s bestimmte er für drei Kugeln mit einem Durchmesser von 16 cm, 25 cm und 33 cm jeweils den Widerstandskoeffizienten und fand (Eiffel 1912, S. 1597):

> Les valeurs du coefficient K [...] sont fortes aux petites vitesses et décroissent rapidement quand la vitesse augmente; à partir d'une certaine vitesse, elles restent à peu près constantes et deviennent alors très voisines du coefficient 0,011 que j'avais donné.

Damit betätigte er, dass ihm bei seinen alten Messungen kein Fehler unterlaufen war. Föppl hatte im Göttinger Windkanal einen zweieinhalb mal so großen Widerstandskoeffizienten gefunden, weil dort die Windgeschwindigkeit geringer war (Eiffel 1912, S. 1597):

> Aux vitesses inférieures à la vitesse critique, les coefficients diffèrent peu de ceux indiqués par le laboratoire de Göttingen. S'il n'a pas trouvé la valeur que j'avais indiquée, c'est tout simplement parce qu'il lui était impossible d'opérer à une vitesse supérieure à celle de 10m. Cet exemple montre bien la nécessité d'expérimenter, non seulement dans un courant d'air de grand diamètre, mais aussi à de grandes vitesses, lesquelles peuvent déceler de nouvelles phases dans les phénomènes.

---

[5] Otto Föppl an Prandtl, 21. Februar 1912. GOAR 2655.

Damit war aus dem vermeintlichen „Lapsus" Eiffels eine neue Entdeckung geworden. Dass der kritische Übergang zu geringeren Widerstandskoeffizienten bei ganz verschiedenen Geschwindigkeiten erfolgte, war für Eiffel aber auch ein Grund für Zweifel am Ähnlichkeitsgesetz. „La loi de similitude n'est pas toujours vrais; en effet, les trois sphères donnent des vitesses critiques tout à fait différentes" (Eiffel 1912, S. 1598). Dem widersprach umgehend Lord Rayleigh mit einer kurzen Replik in den *Comptes Rendus:* Nach Reynolds Ähnlichkeitsgesetz sei Eiffels K allein eine Funktion der Reynolds-Zahl. „Ainsi les vitesses critiques ne doivent pas être les mêmes [...] En vérité, si nous changeons l'échelle des vitesses suivant cette loi, nous trouvons les courbes de M. Eiffel presque identiques, au moins que ces vitesses ne sont pas très petites." (Rayleigh 1913, S. 109).

Auch Prandtl reagierte sofort und machte den Kugelwiderstand zum Gegenstand neuer Messungen. Um im Windkanal der Modellversuchsanstalt höhere Geschwindigkeiten zu erreichen, baute er eine Düse von 1,015 m Durchmesser ein, „die nach Art von Eiffels Versuchsanstalt einen freien Strahl innerhalb des Versuchskanals erzeugt." Damit konnte die Geschwindigkeit des Luftstroms in der Messkammer von 10 m/s auf 23 m/s gesteigert werden. „Es soll an einer größeren Reihe von kreisförmigen Platten, von Kugeln und von geometrisch ähnlichen Ballonmodellen die Abhängigkeit des Widerstandes von den Abmessungen und von der Geschwindigkeit untersucht werden", kündigte er im Jahresbericht 1912/13 der Modellversuchsanstalt eine neue Versuchsserie an, die dem „Studium des Ähnlichkeitsgesetzes" dienen sollte (Prandtl 1913a, S. 80). Danach war in Göttingen nicht mehr von einem „Lapsus" Eiffels die Rede, sondern von einem neuen und erklärungsbedürftigen Phänomen. Prandtl zeigte sich in seinem kurz darauf abgeschlossenen Beitrag über „Flüssigkeitsbewegung" für das *Handwörterbuch der Naturwissenschaften* von den jüngsten Messungen des Kugelwiderstands sichtlich beeindruckt (Prandtl 1913b, S. 135):

> Der Widerstand von Kugeln [mit Radius r] zeigt nach Eiffel (künstlicher Luftstrom) folgende Merkwürdigkeit, die geeignet ist, die Verwendbarkeit von Kugeln zur Windstärkemessung in Frage zu ziehen: die Widerstandsziffer sinkt mit zunehmender Geschwindigkeit V zwischen den Reynoldsschen Zahlen $Vr/\nu = 60000$ bis 75000 von etwa 0,21 auf etwa 0,085, um dann diesen 2 1/2 mal kleineren Wert bei allen bisher untersuchten größeren Geschwindigkeiten beizubehalten. Der verschiedene Widerstand spricht sich auch in der verschiedenen Gestalt der Wirbelgebilde aus. Eine Erklärung dieses Verhaltens fehlt vollständig.

2.3   Ein Turbulenzeffekt

Der Bezug zu dem Wirbelgebilde im Nachlauf der angeströmten Kugeln deutet schon an, dass Prandtl bei dieser „Merkwürdigkeit" an die Turbulenz dachte. Dass er anders als Eiffel keine kritischen Geschwindigkeiten, sondern Reynolds-Zahlen für die Änderung des Widerstandskoeffizienten angab, entsprach dem Ziel des Messprogramms, das dem „Studium des Ähnlichkeitsgesetzes" dienen sollte. Die jüngsten Messungen des Rohrwiderstands von Blasius zeigten ebenfalls, dass sich durch eine Darstellung des Widerstandskoeffizienten als

Funktion der Reynolds-Zahl Ordnung in die Fülle von Messergebnissen bei unterschiedlicher Strömungsgeschwindigkeit, unterschiedlichem Rohrdurchmesser und unterschiedlicher Temperatur (Viskosität) bringen ließ (Blasius 1912, 1913). Die kritische Reynolds-Zahl für den Umschlag von der laminaren zur turbulenten Strömung, bezogen auf den Rohrdurchmesser, lag bei 2000–3000 (Blasius 1913, S. 12). Auch die Widerstandskoeffizienten von längs angeströmten Platten zeigten wie bei der Rohrströmung einen Übergang von einem laminaren in einen turbulenten Zustand. Allerdings lag hier die kritische Reynolds-Zahl, bezogen auf die Länge der Platte, erst bei sehr hohen Reynolds-Zahlen um 450 000 (Blasius 1913, S. 27).

Danach lag es nahe, auch beim Kugelwiderstand die Turbulenz als Ursache für die abrupte Änderung des Widerstandskoeffizienten zu vermuten – auch wenn der dafür gemessene Wert der kritischen Reynolds-Zahl von 60 000–75 000, bezogen auf den Kugelradius, weder dem der Rohrströmung noch dem der Plattenströmung gleichkam. Außerdem wurde beim Überschreiten der kritischen Reynolds-Zahl bei der Kugel der Widerstandskoeffizient *kleiner*, während er bei der Rohr- und Plattenströmung beim Übergang von der laminaren zur turbulenten Strömung auf einen *größeren* Wert sprang. Eiffel vermutete, dass sich unterhalb der kritischen Geschwindigkeit hinter der Kugel „un cône de dépressions" entwickelt, „analogue à celui qui se produit à l'arrière des plaques frappées normalement par le vent. Au-dessus de cette vitesse critique, existe le nouveau régime pour lequel ce cône a disparu et se trouve remplacé par une région où l'air n'est relativement pas troublé." (Eiffel 1912, S. 1599) Carl Runge sah darin ein Anzeichen dafür, dass man sich „auf diesem Gebiet auf Überraschungen gefasst machen" müsse. Er übersetzte Eiffels Beobachtung in einem Vortrag „Über die Berechtigung von aerodynamischen Modellversuchen" folgendermaßen ins Deutsche: „Während für kleinere Geschwindigkeiten hinter der Kugel ein kegelförmiger von turbulenter Luft erfüllter Raum liege, verschwinde die Turbulenz fast ganz, wenn die Geschwindigkeit die kritische übersteigt." (Runge 1913, S. 243) Also ein Umschlag von der turbulenten zur laminaren Strömung, und nicht umgekehrt?

Im Oktober 1913 begab sich Prandtl zusammen mit seinem ehemaligen Assistenten Theodore von Kármán auf eine Reise zur Besichtigung verschiedener aerodynamischer Laboratorien. Eiffels Laboratorium habe den „Höhepunkt der Besichtigungen" dargestellt, berichtete er danach an das Preußische Kultusministerium, es sei „ungemein zweckmäßig und schön eingerichtet".[6] Prandtls erstes Interesse galt dabei dem Windkanal mit seinem mächtigen Gebläse, von dem ihm Eiffel nach dem Besuch die Konstruktionspläne übersandte.[7] Daneben dürften die Messungen des Kugelwiderstands Gegenstand lebhafter Diskussion gewesen sein, die inzwischen auch in einem anderen aerodynamischen Laboratorium in Paris durchgeführt worden waren und im wesentlichen Eiffels Ergebnisse bestätigten

---

[6] Prandtls Reisebericht an das Kultusministerium, 1. November 1913. GStAPK, I.HA. Rep. 76, Va, Sekt. 6, Tit. IV, Nr. 21, Bd. 1 (Die wissenschaftlichen Reisen der Professoren und Privatdozenten an der Universität zu Göttingen. I: vom Dezember 1891 bis Dezember 1923), Blatt 292–294.

[7] Eiffel an Prandtl, 28. Oktober 1913. GOAR 3684 („Suivant votre demande, je vous adresse ci-inclus un dessin de mon ventilateur hélicoidal").

(Maurain 1913). Außerdem waren inzwischen Schleppversuche von Kugeln in Wasser aus einer hydrodynamischen Versuchsanstalt in Rom bekannt geworden, bei denen dasselbe Phänomen aufgetreten war (Costanzi 1912).

Nach der Rückkehr von dieser Reise machte Prandtl den Umschlag des Kugelwiderstands zum Gegenstand neuer Windkanalversuche. Er beauftragte damit Carl Wieselsberger, der nach seinem Ingenieurstudium an der Technischen Hochschule München und nach dem Ausscheiden Otto Föppls die experimentellen Untersuchungen in der Modellversuchsanstalt weiterführte. 1913 hatte Wieselsberger bereits mit Widerstandsmessungen an Luftschiff- und Tragflächenmodellen mit der Windkanalmesstechnik einschlägige Erfahrungen gesammelt und die Ergebnisse in der *Zeitschrift für Flugtechnik und Motorluftschiffahrt* unter der Rubrik „Mitteilungen aus der Göttinger Modellversuchsanstalt" veröffentlicht (Rotta 1990, Tab. 1). Im Mai 1914 berichtete er unter derselben Rubrik über seine Untersuchungen zum Kugelwiderstand (Wieselsberger 1914, S. 140):

> Mit der Untersuchung der Kugeln wurde deshalb begonnen, weil bei diesen bereits von anderen Experimentatoren sehr eigenartige Erscheinungen (Sinken des Widerstandes bei Erhöhung der Geschwindigkeit) gefunden wurden. Dies hat uns veranlaßt, die Untersuchungen auch auf verkürzte und verlängerte Rotationsellipsoide auszudehnen. Im Laufe der Untersuchungen zeigte sich, daß die zutage tretenden Erscheinungen in engster Beziehung mit der Turbulenz des Versuchsluftstromes stehen.

Prandtl machte die Ergebnisse von Wieselsbergers Untersuchungen und seine Erklärung dieser „sehr eigenartigen Erscheinungen" in den *Nachrichten der Gesellschaft der Wissenschaften zu Göttingen* publik (Prandtl 1914).[8] Einen Sonderdruck schickte er auch an Eiffel, dessen Arbeiten diese Studie „belebt" hatten.[9] Darin interpretierte er das Phänomen ebenfalls als einen Turbulenzumschlag, aber nicht, wie von Eiffel und Runge vermutet, von der turbulenten zur laminaren Strömung im Nachlauf der Kugel, sondern von der laminaren zur turbulenten Strömung in der Grenzschicht an der Kugeloberfläche. Die entscheidende Passage seiner 12 Druckseiten umfassenden Abhandlung, die als die Entdeckung der turbulenten Grenzschicht angesehen werden darf, lautet (Prandtl 1914, S. 180):

> Bei laminarer Strömung bildet sich an einer bestimmten durch den Druckverlauf gegebenen Stelle eine Ablösung der Grenzschicht aus; wenn nun die Grenzschicht vor der Ablösungsstelle wirbelig wird, so wird der schmale Keil ruhender Luft hinter der Ablösungsstelle (vgl. Fig. 3) weggespült, und der Luftstrom legt sich wieder an die Kugel an, so daß die Ablösestelle immer weiter nach hinten rückt, bis sie unter den neuen Bedingungen eine neue Gleichgewichtslage gefunden hat; dies hat ein wesentlich kleineres Wirbelsystem und damit auch einen kleineren Widerstand zur Folge.

---

[8] Abgedruckt in Teil 2 nach LPGA, S. 597–608.
[9] Prandtl an Eiffel, 16. Juli 1914: „s'est animé par vos travaux".

2.4   Der Stolperdrahtversuch

Prandtl schätzte die Grenzschichtdicke vor der Ablösestelle aus seiner Theorie der laminaren Grenzschicht als umgekehrt proportional zur Wurzel aus der Reynolds-Zahl ab, was bei den in Eiffels Versuchen verwendeten Kugeln und den dazu ermittelten Reynolds-Zahlen von etwa 130 000 eine Grenzschichtdicke von weniger als 1 mm ergab. Darin erkannte Prandtl die Gelegenheit für „ein richtiges experimentum crucis", das seine Interpretation als Turbulenzumschlag in der Grenzschicht augenfällig machen sollte. Wieselsberger, dem Prandtl ausdrücklich für die „sehr sorgfältige und geschickte Durchführung" dankte (Prandtl 1914, S. 180), beschrieb das Experiment folgendermaßen (Wieselsberger 1914, S. 143–144):

> Zum Beweise dieser eben gegebenen Auffassung über das Zustandekommen der beiden Strömungsformen wurde mit der 283 mm-Kugel der folgende Versuch ausgeführt: Auf einem zur Windrichtung senkrechten Breitenkreis, 15 Bogengrade vor dem Hauptspant, wurde ein Drahtreifen von 1 mm Stärke aufgelegt. Durch eine einfache Rechnung läßt sich zeigen, daß bei allen hier verwendeten Geschwindigkeiten die Dicke der Grenzschicht, innerhalb welcher sich die Reibungsvorgänge vollziehen, kleiner als 1 mm ist. Somit befindet sich der Draht zum Teil noch in der freien Strömung und die von ihm ausgehenden Wirbel müssen demnach die Grenzschicht hinter dem Draht stark turbulent machen und die zweite Phase des Widerstandes herbeiführen. Der Versuch hat dies in der Tat bestätigt. [...] Anders verhält es sich indessen, wenn der Drahtreifen hinter der Ablösungsstelle aufgelegt wird. Hier befindet er sich bereits in dem Wirbelgebiet und kann daher keine so große Störung verursachen. Auch dies hat die Beobachtung bestätigt. [...]
>
> Von Interesse ist es, die zu den beiden Phasen des Widerstandes gehörigen Strömungsformen kennen zu lernen. Zu diesem Zwecke haben wir das hinter der Kugel befindliche Wirbelgebiet durch Einleiten von Rauch sichtbar gemacht und photographiert (Fig. 128 u. 129). Der Rauch dringt in diesem Falle infolge der Rückströmung bis zur Ablösestelle vor, die ziemlich deutlich erkennbar ist. [...] Der Unterschied der beiden Strömungssysteme ist evident.

In Prandtls Abhandlung sind die von Wieselsberger in Fig. 128 und 129 (Abb. 2.1) gezeigten Rauchaufnahmen nicht abgebildet. Stattdessen wird darin nur mit Skizzen angedeutet, wie der auf die Kugel aufgelegte Drahtring die Strömungsform verändert (Prandtl 1914, Fig. 3 und 4).

Das Experiment mit dem „Stolperdraht", wie es später bezeichnet wurde, war nicht der einzige Nachweis der turbulenten Grenzschicht. „Eine ähnliche Wirkung wie die aufgelegten Drähte haben natürlich auch Rauhigkeiten der Oberfläche", so erweiterte Prandtl die Untersuchung dieses Turbulenzeffekts. „Ein vorläufiger Versuch mit einer mit Stoff überzogenen Kugel zeigte, daß der Umschlag auch hier nach den kleineren Geschwindigkeiten hin verschoben wird." (Prandtl 1914, S. 185) Beim Vergleich zwischen den Göttinger und den Pariser Messungen zeigte sich, dass der Turbulenzumschlag in Eiffels Windkanal für alle Kugeln bei einer niedrigeren Reynolds-Zahl erfolgte als im Windkanal der Modellversuchsanstalt. Prandtl vermutete, dass dies durch einen stärker verwirbelten Luftstrom in Eiffels Windkanal verglichen mit dem in Göttingen verursacht wurde. „Die Turbulenz mußte,

Abb. 2.1 Prandtl und Wieselsberger veranschaulichten mit einem „experimentum crucis", dass durch Anbringen eines „Stoplerdrahts" (rechts), der die Grenzschicht turbulent machte, das Wirbelgebiet im Nachlauf und damit auch der Widerstand verringert wurde. (DLR-Archiv, GK-0116 und GK-0118)

ganz entsprechend den Beobachtungen an Röhren, schon bei geringeren Geschwindigkeiten eintreten, wenn in dem ankommenden Luftstrom bereits Wirbel vorhanden waren." Dann sollte ein vor der Kugel angebrachtes Hindernis auch im Göttinger Windkanal die kritische Reynolds-Zahl verringern. „Es wurde deshalb ein rechteckiger Rahmen so mit 1,0 mm starkem Bindfaden bespannt, daß ein quadratisches Gitter von 5 cm Maschenweite entstand. Wurde dieses Gitter vor die Düsenmündung geschoben, so war durchweg eine Verringerung des Widerstands zu bemerken", fasste Prandtl das Ergebnis dieses Versuchs zusammen (Prandtl 1914, S. 183). „Nach diesen Beobachtungen muß wohl angenommen werden, daß die Versuche von Eiffel (wie auch die von St. Cyr) in einem Luftstrom ausgeführt wurden, dessen Grad von Turbulenz etwa unserer absichtlich hervorgebrachten turbulenten Strömung entspricht." (Wieselsberger 1914, S. 142)

Damit eröffnete sich für aerodynamische Versuchsanstalten die Möglichkeit, die Gleichförmigkeit des Luftstroms in verschiedenen Windkanälen durch den Verlauf des Widerstandskoeffizienten von Kugeln zu bestimmen. „Die Aufnahme solcher Widerstandskurven für Kugeln gibt sonach ein Mittel an die Hand, die Luftströme der verschiedenen Versuchsanstalten in Hinsicht auf ihre geringere oder größere Wirbeligkeit miteinander zu vergleichen." (Prandtl 1914, S. 183) Der von Prandtl erklärte Turbulenzeffekt erlangte damit eine Bedeutung, die das gesamte aerodynamische Modellversuchswesen betraf, denn Windkanalmessungen wurden wertlos, wenn sie für ein und dasselbe Modell in verschiedenen Windkanälen aufgrund des unterschiedlichen Turbulenzgrades des Luftstroms nicht die gleichen Ergebnisse ergaben.

2.5 Der Luftwiderstand von Streben

Die Erklärung des Turbulenzeffekts beim Kugelwiderstand legte nahe, dass es auch bei anderen bauchigen Körperformen zu einem Turbulenzumschlag in der Grenzschicht kommen sollte, wenn die Reynolds-Zahl eine kritische Schwelle überschritt. Und was wäre, wenn dabei die sprungartige Widerstandsänderung bei Geschwindigkeiten auftrat, die in dem jeweils benutzten Windkanal nicht erreicht werden konnten? „Solche Umstände wären dazu angetan, die Versuche an Modellen, wie sie jetzt überall ausgeführt werden, wertlos zu machen, falls sich die Stelle des Umschlages zwischen den Reynoldsschen Zahlen der wirklichen Ausführung und denen der Laboratoriumsversuche befände." (Prandtl 1914, S. 187)

Damit deutete sich schon an, dass die Erforschung des Turbulenzeffekts nicht auf Kugeln beschränkt blieb. „Es erschien uns auch wünschenswert," so Wieselsberger zu dem erweiterten Messprogramm, „Einblicke in das Verhalten von Rotationsellipsoiden zu gewinnen, die aus der Kugel durch Veränderung des in Windrichtung liegenden Durchmessers hervorgehen." (Wieselsberger 1914, S. 144) Die Ergebnisse an Ellipsoiden mit verschiedenen Achsenverhältnissen zeigten systematische Veränderungen der Widerstandskurven: Bei abgeplatteten Ellipsoiden verschob sich der Turbulenzumschlag zu größeren Reynolds-Zahlen, bei gestreckten zu kleineren (Prandtl 1914, Fig. 5). Wieselsberger zog aus diesen Untersuchungen den Schluss (Wieselsberger 1914, S. 145):

> Die gefundenen Ergebnisse sind zunächst für Versuchsanstalten beachtenswert, in denen Modelle im künstlichen Luftstrom untersucht werden. Es ist hier vor allem auf den Turbulenzzustand der Strömung zu achten, denn es ist nicht ausgeschlossen, daß ähnliche Vorgänge auch noch bei anderen Körperformen, beispielsweise bei Tragflächen, auftreten, wo ja die Ablösungsstelle auf der Saugseite meist genügend Spiel zum Wandern hat.

Diese Arbeiten Prandtls und Wieselsbergers markierten den Auftakt für eine sehr anwendungsnahe Turbulenzforschung an der Göttinger Modellversuchsanstalt, die jedoch mit dem Ausbruch des Ersten Weltkriegs sofort wieder zum Erliegen kam. Prandtls Austausch mit Eiffel endete mit der Übersendung seiner Abhandlung im Juli 1914. Wieselsberger wurde im September 1914 zum Kriegsdienst einberufen. Im April 1915 forderte Prandtl den „Ausbau der Göttinger Modellversuchsanstalt zu einem vollwertigen aerodynamischen Forschungsinstitut für Heer und Marine". Mit Verweis auf die Bedeutung von Modellversuchen im Windkanal konnte er im Juni 1915 die Militärbehörden davon überzeugen, seine beiden Assistenten, Wieselsberger und Albert Betz, zum Dienst an der Modellversuchsanstalt zu verpflichten. Danach wurden in immer größerem Umfang und unter Einsatz von „Studenten und Studentinnen der Universität als Hilfsdienstarbeiter" Windkanalversuche an Modellen von Tragflächen und anderen Flugzeugteilen durchgeführt und mit dem Bau einer neuen Versuchsanstalt mit einem größeren Windkanal begonnen. Im Februar 1918 antwortete Prandtl auf eine Frage der Deutschen Mathematiker-Vereinigung nach dem Kriegseinsatz seines Instituts, es sei „praktisch vollständig von der Modell-Versuchsanstalt für Aerodynamik aufgesogen, welche zur Zeit ausschließlich im Heeresinteresse arbeitet (aerodynamische Messungen, hauptsächlich an Flugzeugmodellen, Flugzeugteilen usw., Eichung von Geräten zur Luftgeschwindigkeitsmessung)". Der Umfang der Kriegsaufträge hatte seit 1917 dramatisch zugenommen. In dem Zeitraum vom 1. Januar 1917 bis 1. Februar 1918 wurden 625 Messungen durchgeführt, 237 im Auftrag von Firmen, 191 für Kriegsbehörden und

197 in eigener Regie. Für 174 dieser Messungen wurde der Windkanal der 1917 in Betrieb genommenen neuen Modellversuchsanstalt benutzt, das Gros der Versuche wurde im kleinen Windkanal der alten Modellversuchsanstalt durchgeführt, der auch nach der Inbetriebnahme des neuen Windkanals noch für viele Spezialuntersuchungen genutzt wurde.[10]

Für eine Fortsetzung wissenschaftlich motivierter Experimente wie den Stolperdrahtversuch blieb im Krieg kaum Zeit; doch auch die Auftragsforschung bot Gelegenheiten, die beim Kugelwiderstand gewonnenen neuen Erkenntnisse anzuwenden. Der an Kugeln und Ellipsoiden untersuchte Turbulenzeffekt dürfte auch bei Modellversuchen an Bomben aufgetreten sein, die im Auftrag der in Berlin-Adlershof angesiedelten „Prüfanstalt und Werft der Fliegertruppe" durchgeführt wurden, um Bombenformen mit möglichst geringem Luftwiderstand zu finden (Eckert 2017, S. 102). Die „Prüfanstalt" wurde 1916 zur „Flugzeugmeisterei der Inspektion der Fliegertruppen" ausgebaut; sie unterhielt eine „Wissenschaftliche Auskunftei für Flugwesen" und sorgte mit einer, nur einschlägig interessierten Flugzeugherstellern zugänglichen Geheimpublikation *(Technische Berichte der Flugzeugmeisterei)* dafür, dass die Ergebnisse der aerodynamischen Modellversuche bei der Entwicklung neuer Flugzeuge berücksichtigt werden konnten.

Das Gros der Windkanalmessungen in der Göttinger Modellversuchsanstalt betraf Auftriebs- und Widerstandskoeffizienten von Tragflügeln mit unterschiedlichen Profilen und bot kaum Anlass für weitere Turbulenzforschungen. Am 1. Juni 1917 wurden in den *Technischen Berichten der Flugzeugmeisterei* jedoch auch Messergebnisse über „Luftwiderstandsmessungen von Streben" veröffentlicht (Abb. 2.2), bei denen die Auswirkung des Turbulenzeffekts deutlich wurde. Die Querstreben zwischen den Flügeln von Doppel- und Dreideckern ergaben in der Summe einen beträchtlichen Luftwiderstand, den man durch entsprechende Formgebung der Streben verringern wollte. Dabei zeigten die Göttinger Messergebnisse, dass bei bestimmten Strebenprofilen der an Kugeln festgestellte Turbulenzeffekt ebenfalls auftrat. Die abrupte Widerstandsänderung konnte für den Piloten gravierende Folgen haben: „Insbesondere veranlasst eine Verringerung der Geschwindigkeit, z. B. der Übergang vom horizontalen Flug zum Steigflug eine plötzliche Vergrößerung der Widerstandszahl und häufig eine bedeutende Vergrößerung des Widerstandes selbst." Für die Wahl eines Strebenprofils komme es daher, so lautete die Quintessenz des Berichts, „nicht so sehr auf einen möglichst geringen Widerstand im unterkritischen Bereich an", vielmehr müsse der Flugzeughersteller sein Augenmerk darauf richten, „eine solche Strebe auszuwählen, welche bei ihrer Anwendung ihren kritischen Kennwertbereich schon verlassen hat".[11]

Für Prandtl dürfte sich angesichts der Relevanz dieses Turbulenzeffekts immer stärker der Plan herauskristallisiert haben, die Turbulenz zu einem zentralen Forschungsthema seines Instituts zu machen. Trotz anderer vordringlicher Untersuchungen wie der Tragflügeltheorie (Eckert 2017, Abschn. 4.5) entwarf er mitten im Krieg ein „Arbeitsprogramm zur Turbulenz-Theorie".[12] Es beschränkte sich vorerst nur auf wenige Manuskriptseiten, zeugt aber von

---

[10] Siehe dazu ausführlich (Eckert 2017, Kap. 4) und (Rotta 1990, S. 115–198).

[11] *Technische Berichte der Flugzeugmeisterei,* Bd. 1, Heft Nr. 4 (1. Juni 1917), S. 85–96, hier S. 88 f.

[12] Datiert mit 6. März 1916. SUB, Cod. Ms. L. Prandtl, Nr. 18.

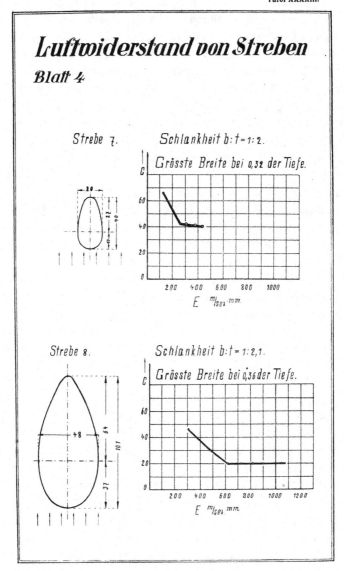

Abb. 2.2 Datenblatt zu Luftwiderstandsmessungen von Streben aus den *Technischen Berichten der Flugzeugmeisterei*. Darin wird der zuerst an Kugeln gefundene abrupte Abfall des Widerstandskoeffizienten auch bei stromlinienförmigen Strebenprofilen festgestellt. (Quelle: Technische Berichte, Jg. 1, 1917, Tafel 43)

der Absicht, nicht nur diesen oder jenen Turbulenzeffekt zu erklären, sondern das Phänomen der Turbulenz von Grund auf zu verstehen. Prandtl unterschied zwei Problembereiche: die „Entstehung der Turbulenz" und die „fertige Turbulenz". Beide Forschungsrichtungen wurden nach dem Krieg in zahlreichen Arbeiten von Prandtl und seinen Schülern weiter entwickelt und bescherten der Göttinger Strömungsforschung internationales Ansehen – auch wenn das „Turbulenzproblem" damit immer nur mit neuen Fragen aufwartete.

Über die ausgebildete Turbulenz (S. 86)

3

Michael Eckert

3.1 Das Turbulenzproblem

Bald nach dem Ende des Ersten Weltkriegs wartete Prandtl mit einer Studie auf, die dem ersten Teil seines Forschungsprogramms zur Turbulenztheorie, der Entstehung der Turbulenz, gewidmet war. „Wir, d. h. wesentlich Herr O. Tietjens, der unter meiner Leitung die Rechnungen machte, untersuchten die Stabilität und Labilität von Laminarströmungen, wie sie längs einer Wand durch länger dauernde Einwirkung einer geringen Zähigkeit entstehen, und zwar nach der von Lord Rayleigh angegebenen Methode unter Vernachlässigung der Reibung." Damit knüpfte Prandtl an Rayleighs Stabilitätsanalyse für geschichtete parallele Strömungen zwischen zwei Wänden an (siehe Abschn. 1.1), die für Geschwindigkeitsprofile mit einem Wendepunkt Instabilität – und damit einen Umschlag von der laminaren zur turbulenten Strömung vorhersagten. Prandtl und Tietjens wählten für ihre Stabilitätsanalyse Geschwindigkeitsprofile, die den angenäherten Verlauf eines Grenzschichtprofils darstellen sollten und nach Rayleigh für kleinste Einbuchtung, die einem Wendepunkt entsprach, Instabilität erwarten ließen (Prandtl 1922, S. 20):

> Solche Einbuchtungen kommen vor allem bei der Umströmung von gerundeten Körpern zwischen dem Geschwindigkeitsmaximum und der Ablösungsstelle vor. Durch die erwähnte Rechnung ist also der Grund für die Labilität der Grenzschicht, die bei der Strömung um Kugeln und andere gerundete Körper zur Turbulenz und zu dem bekannten Sprung in der Widerstandszahl führt, aufgedeckt.

Damit verwies Prandtl auf den von Eiffel entdeckten Widerstandsabfall bei Kugeln und die daran anschließenden Untersuchungen in der Göttinger Modellversuchsanstalt, die kurz

M. Eckert (✉)
Forschungsinstitut, Deutsches Museum, München, Deutschland
E-mail: m.eckert@deutsches-museum.de

© Der/die Autor(en), exklusiv lizenziert an Springer-Verlag GmbH, DE, ein Teil von Springer Nature 2023
M. Eckert (Hrsg.), *Ludwig Prandtl und die moderne Strömungsforschung,* Klassische Texte der Wissenschaft, https://doi.org/10.1007/978-3-662-67462-8_3

zuvor von Wieselsberger in der *Physikalischen Zeitschrift* zusammenfassend beschrieben worden waren (Wieselsberger 1921). Rayleighs Analyse vernachlässigte die Reibung und war deshalb für die Grenzschichtströmung nicht direkt anwendbar. Da der Turbulenzumschlag jedoch erst bei sehr hohen Reynolds-Zahlen (also geringem Zähigkeitseinfluss) eintrat, erschien es plausibel, die Stabilitätsanalyse vom Grenzfall verschwindender Reibung aus durchzuführen. Prandtl und Tietjens hofften, dass schon „durch Berücksichtigung der niedrigsten Ordnung der Zähigkeit" dem Reibungseinfluss ausreichend Rechnung getragen würde. Dabei fanden sie für alle Strömungsprofile Instabilität – auch für solche, die nach Rayleighs Analyse im reibungslosen Fall stabil sein sollten. „Wir haben dieses Ergebnis erst nicht glauben wollen und haben es daraufhin jeder dreimal unabhängig auf verschiedene Weise gerechnet. Es kam aber immer wieder dasselbe Vorzeichen, das Labilität bedeutet." (Prandtl 1922, S. 21) Selbst der laminare Strömungszustand erschien danach unmöglich. Damit führte dieses Verfahren zum entgegengesetzten Ergebnis wie die Stabilitätsanalyse bei voller Berücksichtigung der Reibung, die nach ersten Ansätzen von William McFadden Orr und Arnold Sommerfeld keinerlei Anzeichen für Instabilität erkennen ließ (Eckert 2010). Fritz Noether, ein Sommerfeldschüler, gab einem Artikel über den Orr-Sommerfeld-Ansatz die Überschrift „Das Turbulenzproblem" (Noether 1921). Nun zeigte sich, dass auch Prandtls Methode in Anlehnung an Rayleigh nicht zu einer kritischen Reynolds-Zahl führte, bei der eine laminare Strömung instabil – und somit turbulent – werden würde.

Als Prandtl dieses Ergebnis im September 1921 auf dem ersten Nachkriegskongress der deutschen Physiker in Jena vorstellte, herrschte unter den Theoretikern, die sich auf diesem Gebiet nach vielen Fehlschlägen einen Durchbruch erhofften, Ratlosigkeit. Prandtl hoffte, aus genauer Beobachtung von Wirbeln in einem Wasserversuchskanal tiefere Einsichten in das Turbulenzproblem zu gewinnen, was Kármán bezweifelte: „Was man beobachtet, sind zumeist die ungemein komplizierten, durch allerlei Zufall beeinflußten Vorgänge im Übergangsgebiet zwischen laminarer und turbulenter Strömungsform. Die im statistischen Gleichgewicht befindliche stabile turbulente Strömungsform entzieht sich zunächst der direkten Beobachtung, weil die Vorgänge viel zu rasch vor sich gehen." (Prandtl 1922, S. 25) Kármán hatte im gleichen Band der *Zeitschrift für angewandte Mathematik und Mechanik (ZAMM)*, in dem Noether „Das Turbulenzproblem" dargestellt hatte, eine Abhandlung „Über laminare und turbulente Reibung" veröffentlicht (von Kármán 1921) und darüber zuvor ausführlich mit Prandtl korrespondiert. Er habe „eine Art ‚turbulente Grenzschichttheorie' aufgebaut", schrieb er Prandtl in einem fünfseitigen Brief, der erkennen ließ, dass er mit seinen Schülern und Mitarbeitern an der Technischen Hochschule Aachen ein ähnliches Forschungsprogramm zur Turbulenz verfolgte wie Prandtl in Göttingen.[1]

„Das Turbulenzproblem" wurde auch zu einer Herausforderung für neue hydraulische Experimente. Ludwig Schiller, ein Experimentalphysiker an der Universität Leipzig, stellte auf der Tagung in Jena die Ergebnisse von Strömungsversuchen in „technisch glatten Rohren" dar, die er auf Prandtls Anregung durchgeführt hatte und die Gegenstand seiner Habilitation wurden. Sie zeigten, dass der Turbulenzumschlag eine Funktion der Störung am

---

[1] Kármán an Prandtl, 12. Februar 1921. GOAR 3684.

Rohreinlauf ist und sich auf einen kritischen Reynolds-Zahlenbereich oberhalb 1 160 lokalisieren ließ (Schiller 1921, S. 443):

> Je höher die Reynolds-Zahl ist, eine um so geringere Störung reicht hierzu aus. Gegen kleinere Störungen ist jeweils Stabilität der Lamninarströmung vorhanden. Unterhalb der kritischen Zahl $R = 1\,160$ ist die Laminarströmung gegen noch so große Störungen stabil. Dort ist keine „turbulente" Strömung möglich; etwa vorhandene Wirbel werden bei genügender Beruhigungsstrecke stets verschwinden.

Schiller verwies auf „die bekannten Prandtlschen Untersuchungen über die Ablösung der Grenzschicht an umströmten Körpern" und sah den Turbulenzumschlag hervorgerufen „durch das Feld eines Wirbels mit entsprechendem Rotationssinn, der dann die notwendige ‚Anfangsstörung' darstellt." (Schiller 1921, S. 444)

3.2 Das 1/7-Gesetz

Prandtl setzte angesichts der paradoxen Stabilitätsanalysen à la Rayleigh bzw. Orr-Sommerfeld weniger auf theoretische Durchbrüche als auf experimentell gewonnene Einsichten. Kármáns Zweifel, „ob man durch direkte Beobachtung der entstehenden Wirbel über das Wesen der Turbulenz etwas erfahren wird", begegnete Prandtl in der Diskussion zu seinem Vortrag beim Physikertag in Jena mit der Zuversicht, dass man „doch aus dem Versuch allerhand Nützliches ersehen konnte, wenn nicht durch den bloßen Augenschein, so doch durch das Betrachten von photographischen Aufnahmen." Er präsentierte eine Fotografie, die mit einer über einem Wasserversuchskanal bewegten Kamera aufgenommen worden war. Sie zeigte Wirbel, die sich vom Rand aus in die Strömung bewegten (Prandtl 1922, S. 24). Darin offenbarte sich eine Kontinuität in Sachen Strömungsvisualisierung, die vom Heidelberger Grenzschichtvortrag im Jahr 1904 über die Versuche mit quer angeströmten Zylindern von Hiemenz 1911 und die von Rubach 1912 fotografisch sichtbar gemachte Kármánsche Wirbelstaße bis zu Wieselsbergers „experimentum crucis" über den Turbulenzumschlag beim Kugelwiderstand reicht – und auch das weitere Forschungsprogramm zur Turbulenz begleitete.

Das von Noether beschriebene „Turbulenzproblem", die theoretische Bestimmung der Stabilitätsgrenze laminarer Strömungen, konnte man aber mit dem Blick auf Wasserwirbel nicht lösen. Prandtl legte daher die „Entstehung der Turbulenz", den ersten Teil seines Turbulenzforschungsprogramms, vorerst ad acta und widmete sich dem zweiten Teil, der „fertigen Turbulenz". Auch dabei erhoffte er sich von Experimenten wesentliche Einsichten. Die Windkanalversuche über den Kugelwiderstand hatten bereits gezeigt, dass mit dem Turbulentwerden der Grenzschicht der Widerstand einem anderen Gesetz folgt als bei der laminaren Grenzschicht – ähnlich wie dies Blasius für die turbulente Rohrreibung gezeigt hatte. Der von Blasius aus den Messwerten ermittelte Widerstandskoeffizient λ ergab sich zu (Blasius 1913, S. 13)

$$\lambda = 0,3164 \cdot R^{-1/4}$$

mit der Reynolds-Zahl $R = ud/\nu$ (u = mittlere Strömungsgeschwindigkeit, d = Rohr-durchmesser und ν = kinematische Viskosität). Dieses von Blasius empirisch gewonnene Widerstandsgesetz diente Prandtl als Richtschnur für ein Verständnis der turbulenten Wandreibung. Unter der Annahme, dass die Schubspannung τ an der Wand nicht vom Rohrdurchmesser abhängt, leitete Prandtl das Geschwindigkeitsprofil in Wandnähe (also in der turbulenten Grenzschicht) ab, und zwar

$$u(y) \sim y^{1/7},$$

wobei y den Abstand von der Wand angibt. Als Kármán 1921 Prandtl die Grundzüge einer Theorie der turbulenten Grenzschicht beschrieb, wollte er von Prandtl wissen, ob seine Ableitung dieses 1/7-Gesetzes mit der identisch war, die ihm Prandtl einige Zeit vorher kurz skizziert hatte, an die er sich jetzt aber nicht mehr erinnerte: „Ihre Ableitung habe ich damals nicht verstanden, Sie haben sie auch nur angedeutet."[2] Prandtl schrieb zurück, dass sich Kármáns Ausführungen dazu „dem Inhalte nach mit meiner Ableitung" decken, nur in der „Formulierung der Axiome" seien sie nicht ganz identisch. Nach Prandtl sollte die Schubspannung an der Wand „nur von der Strömungsform in der nächsten Umgebung der Wand" abhängen und das Geschwindigkeitsprofil „durch eine n-te Wurzel" darstellbar sein. Wie man von der Blasius-Formel für die Rohrreibung eine entsprechende Formel für den Plattenwiderstand ableiten könne, „weiss ich schon ziemlich lange, sagen wir seit 1913." Eine Erweiterung zu einer „turbulenten Grenzschichtentheorie" habe er sich aber erst „für eine fernere Zukunft vorgenommen".[3]

Das 1/7-Gesetz markierte den Auftakt einer langjährigen Rivalität zwischen Prandtl und Kármán um die Priorität bei der Erforschung der „turbulenten Grenzschichtentheorie". Auch wenn sie meist im Ton freundlicher Kollegialität zum Ausdruck gebracht wurde, handelte es sich doch um einen mit aller Entschiedenheit geführten Wettstreit, bei dem es auch um die Führungsrolle der „Schulen" von Prandtl und Kármán in Göttingen und Aachen ging. Kármán ging mit einem *ZAMM*-Artikel in Führung, wo er das 1/7-Gesetz aus einer Dimensionsanalyse und einem Ähnlichkeitspostulat über die turbulente Rohrströmung entlang der Rohrachse ableitete (von Kármán 1921, S. 238–241). Prandtl hatte seine „Überlegung" zwar schon vor Kármán „in einer Unterredung in Göttingen im Wintersemester 1920 am 5. November vorgetragen", wie sich Johann Nikuradse erinnerte, aber veröffentlicht wurde sie erst fünf Jahre später in einem kurzen theoretischen Teil zu Nikuradses Abhandlung über die im Rahmen seiner Dissertation durchgeführten „Untersuchungen über die Geschwindigkeitsverteilung in turbulenten Strömungen" (Nikuradse 1926, S. 14–15). Die in dreieckigen, rechteckigen und runden Rohren „bei voll ausgebildeter turbulenter Strömung" gemessene Geschwindigkeitsverteilung ergab „eine gute Übereinstimmung mit dem Prandtlschen

---

[2] Kármán an Prandtl, 12. Februar 1921. GOAR 3684.
[3] Prandtl an Kármán, 16. Februar 1921. AMPG, Abt. III, Rep. 61, Nr. 792.

1/7-Potenz-Gesetz", so wies Nikuradse seinem Doktorvater die Priorität vor Kármán zu (Nikuradse 1926, S. 44).

Nikuradses Dissertation vermittelt einen Eindruck von der experimentellen Turbulenzforschung an Prandtls Institut. Nach den Messungen an verschiedenen Rohrströmungen untersuchte Nikuradse auch die turbulente Strömung in einem offenen Wasserversuchskanal. Dabei benutzte er einen auf Schienen darüber mit verschiedener Geschwindigkeit bewegten Wagen, von dem aus die auf die Wasseroberfläche aufgebrachten Partikel in der mit konstanter mittlerer Geschwindigkeit fließenden Strömung fotografiert wurden, um aus deren Spuren das Geschwindigkeitsprofil zwischen den Kanalwänden zu ermitteln. Außerdem bestimmte Nikuradse mit Pitot-Sonden auch die turbulente Geschwindigkeitsverteilung über den Kanalquerschnitt im Innern der Strömung, die er in Form von Höhenschichtlinien darstellte. Daraus gewann Prandtl auch für die Strömung in offenen Kanälen einen umfassenden Eindruck von der darin ausgebildeten Turbulenz.

3.3   „Freie Turbulenz" bei Strahlen und im „Totwasser"

Neben diesen im Institut für angewandte Mechanik an der Universität Göttingen durchgeführten Experimenten boten sich Prandtl auch an der Aerodynamischen Versuchsanstalt (AVA), wie die Modellversuchsanstalt nach dem Ersten Weltkrieg umbenannt wurde, Gelegenheiten für Turbulenzuntersuchungen. Bereits in der „1. Lieferung" der *Ergebnisse der Aerodynamischen Versuchsanstalt zu Göttingen* ist von der Turbulenz im Zusammenhang mit der Bestimmung des Reibungswiderstands von Tragflächen im Windkanal die Rede: „Durch kleinere oder größere Rauhigkeit der Oberfläche, wie auch durch Wirbeligkeit des ankommenden Luftstromes wird die Lage des ‚kritischen' Kennwertes stark beeinflußt," so wurde darin der Turbulenzeinfluss auf einen knappen Nenner gebracht. Kurz vor der Drucklegung wurde in einer Fußnote „die kürzlich von L. Prandtl ermittelte Formel" für die Reibung einer längs angeströmten Platte präsentiert, die mit zwei Termen den Anteil der laminaren und turbulenten Grenzschicht beschrieb (Prandtl et al. 1921, S. 34 und 36).

Lag der Fokus zunächst auf der Bestimmung des Turbulenzanteils am Widerstandskoeffizienten, so nahmen Prandtl und seine Mitarbeiter an der AVA in der zwei Jahre später publizierten „2. Lieferung" die „Wirbeligkeit des ankommenden Luftstroms" in den Blick. Das Problem war für Windkanäle, bei denen der Luftstrom durch eine Düse als Freistrahl in eine Messkammer tritt und sich dort mit der ruhenden Umgebungsluft vermischt, unmittelbar relevant; aber ähnliche turbulente Mischvorgänge traten auch bei anderen Strömungen auf, deshalb sei „die Untersuchung solcher Vermischungserscheinungen von allgemeinem hydrodynamischen Interesse" (Prandtl et al. 1923, S. 70):

> Ein aus einer Düse austretender Luftstrahl mischt sich nach dem Verlassen der Düse allmählich mit der umgebenden Luft. Es sollte nun untersucht werden, wie sich die Geschwindigkeitsverteilung im Strahl infolge dieses Vorganges ändert, und ob sich der Verlauf des Vorganges bei verschiedenen Geschwindigkeiten oder Strahldurchmessern, also bei verschiedenen

Reynoldsschen Zahlen, merklich ändert. [...] Die Messungen geschahen in der Weise, daß ein Staurohr längs eines Durchmessers des Luftstrahles verschoben wurde [...]

In zunehmendem Abstand hinter der Düse zeigte sich zwar eine deutliche Strahlverbreiterung, aber daraus ging nicht hervor, wie die turbulente Vermischung von der Reynolds-Zahl abhängt. Die Kurven bei verschiedener Strahlgeschwindigkeit waren „im wesentlichen einander affin." Auch bei der Durchführung der Versuche am großen Windkanal der AVA zeigte sich kein Einfluß der Reynolds-Zahl. „Für eine endgültige Klarstellung der Frage reicht allerdings das bisher vorliegende geringe Versuchsmaterial noch nicht aus." (Prandtl et al. 1923, S. 73)

Mit dieser Versuchsanordnung ließ sich auch die turbulente Nachlaufströmung („Totwasser") hinter Versuchskörpern untersuchen, die dem Luftstrahl aus der Düse ausgesetzt wurden. „Die ersten beiden Serien dieser Messungen befaßten sich mit den Vorgängen hinter einem Kreiszylinder. [...] Die dritte Serie wurde hinter einer Profilstrebe aufgenommen." Die Messkurven zeigten eine ähnliche glockenförmige Druckverteilung wie beim Freistrahl. Prandtl und seine Mitarbeiter beließen es aber bei der Wiedergabe der registrierten Diagramme und verzichteten auf eine Interpretation (Prandtl et al. 1923, S. 73–77).

3.4   Der Mischungsweg-Ansatz

Die von Nikuradse im Wasserversuchskanal erhaltenen Befunde und die Messungen in der AVA über die „freie Turbulenz" bei Strahlen und im Nachlauf von Hindernissen bestärkten Prandtl in der Hoffnung, wenigstens die mittlere Turbulenzbewegung theoretisch in den Griff zu bekommen. Im Oktober 1924 schrieb er an Kármán:[4]

Ich selbst habe mich in der letzten Zeit viel mit der Aufgabe beschäftigt, für die mittlere Bewegung einer turbulenten Strömung eine Differentialgleichung aufzustellen, die aus ziemlich plausiblen Annahmen abgeleitet wird, und für sehr verschiedene Fälle geeignet erscheint. Wir sind gerade daran, sie numerisch zu behandeln und sowohl Fälle der Kanalströmung, wie solche der freien Strahlausbreitung zu rechnen, die dann mit dem Experiment verglichen werden sollen. Der Anfang ist ganz verheißungsvoll. Das Empirische wird dabei ganz auf eine den Randbedingungen angepaßte Länge, die der freien Weglänge entspricht, gebracht.

Das „Wir" bezog sich auf Prandtl und seinen Doktoranden Walter Tollmien, der kurz vorher bei ihm über die „Zeitliche Entwicklung der laminaren Grenzschichten am rotierenden Zylinder" (Tollmien 1924) promoviert hatte und in den folgenden Jahren zu seinem engsten Mitarbeiter an dem 1925 eröffneten Kaiser-Wilhelm-Institut für Strömungsforschung wurde. Zusammen mit Tollmien veröffentlichte Prandtl im ersten Band der Zeitschrift für Geophysik einen Aufsatz, in dem sie die jüngsten Erkenntnisse über die turbulente Rohrreibung auf die atmosphärische Grenzschicht übertrugen. Dabei modifizierten sie die für glatte

---

[4] Prandtl an Kármán, 10. Oktober 1924. AMPG, Abt. III, Rep. 61, Nr. 792.

Wände abgeleiteten Formeln so, dass sie mit jüngsten Messungen bei rauhen Rohren in Einklang waren (unter Verwendung eines Rauhigkeitsmaßes). Um daraus Gleichungen für die turbulente Grenzschicht über dem Erdboden abzuleiten, griffen sie auf ein Konzept des Meteorologen Wilhelm Schmidt zurück (Schmidt 1925), dessen „Austauschgröße" formal der kinematischen Viskosität entsprach. „Wir setzen diese = $\rho\varepsilon$, wobei dann ε der „kinematische Austausch" wird, der genau analog der ‚kinematischen Viskosität' v ist", so schufen Prandtl und Tollmien die Brücke zwischen Meteorologie und Hydrodynamik (Prandtl und Tollmien 1925).

Schon Jahrzehnte vorher hatte Joseph Boussinesq für die vom turbulenten Impulsaustausch verursachte Schubspannung den Ausdruck $\tau = \rho\varepsilon\frac{du}{dy}$ (für eine ebene Strömung mit der mittleren Geschwindigkeit $u(y)$ in x-Richtung) eingeführt, in dem ε Schmidts „Austauschgröße" entsprach. Dimensionsmäßig war ε ebenso wie die kinematische Viskosität v das Produkt aus einer Geschwindigkeit und einer Länge. „Diese Länge und die Geschwindigkeit lassen sich nun vorstellungsmäßig fassen", argumentierte Prandtl auf einer Tagung der Gesellschaft für angewandte Mathematik und Mechanik im März 1925. „Die letztere ist die Quergeschwindigkeit w, mit der im Mittel die von beiden Seiten herankommenden Flüssigkeitsballen durch die Schicht mit dem zeitlichen Mittelwert der Geschwindigkeit = u hindurchtreten." Die Länge l deutete er als Abstand von dieser Schicht, definiert durch die Geschwindigkeiten $u + l\frac{du}{dy}$ und $u - l\frac{du}{dy}$. Er interpretierte l als „Bremsweg" der so ausgetauschten Flüssigkeitsballen. „Es handelt sich jetzt noch darum, für die Mischgeschwindigkeit w einen brauchbaren Ansatz zu machen. Diese Mischgeschwindigkeit wird immer rasch abgebremst und muß immer wieder neu geschaffen werden." Er setzte sie dem Betrag von $l\frac{du}{dy}$ gleich und erhielt damit

$$\tau = \rho l^2 \left|\frac{du}{dy}\right|\frac{du}{dy},$$

wobei er „alle unbekannten Zahlenfaktoren auf die nicht genauer bekannte Lange l" warf. Das Verfahren lief dann darauf hinaus, für l einen geeigneten Ansatz zu machen, der den Randbedingungen des jeweils betrachteten Problems entsprach. Als Beispiel präsentierte er die am Windkanal der AVA untersuchte Freistrahlturbulenz, also die Vermischung des aus der Düse austretenden Strahls mit der ruhenden Luft in der Messkammer, die von dem Strahl mitgerissen wird. „Bei stationären Strömungen dieser Art bewährt sich der Ansatz $l = cx$, wo x die Entfernung von der Stelle ist, wo die Vermischung beginnt." (Prandtl 1925, S. 137–138) Für die mathematische Durchführung verwies er auf Tollmien, der die „Berechnung turbulenter Ausbreitungsvorgänge" zum Gegenstand einer Publikation in der *ZAMM* gemacht hatte. Tollmiens Berechnung behandelte ebene und rotationssymmetrische Freistrahlen. Sie zeigten, wie sich mit dem Ansatz $l = cx$ die Bewegungsgleichungen durch Variablensubstitution in gewöhnliche Differentialgleichungen umformen und näherungsweise lösen ließen. Das so berechnete Geschwindigkeitsprofil hinter der Austrittsöffnung zeigte eine gute Übereinstimmung mit den Messungen an der AVA (Tollmien 1926).

Im Juni 1925 bot sich Prandtl mit der Eröffnung seines „Hydrodynamischen Instituts", wie das neue Kaiser-Wilhelm-Institut für Strömungsforschung in Abgrenzung zu der damit verbundenen Aerodynamischen Versuchsanstalt genannt wurde, eine weitere Gelegenheit, seinen neuen Ansatz zur Turbulenzberechnung bekannt zu machen. Der Verein Deutscher Ingenieure (VDI) nutzte diesen Anlass, um in Göttingen eine Hydrauliktagung einzuberufen. „Die im Aerodynamischen Institut in Göttingen bisher geleisteten Arbeiten sind vorbildlich geworden", so leitete der Veranstalter danach den Tagungsband ein. „Auch das Hydrodynamische Institut ließ etwas Ähnliches erwarten und darum mußte es für die Leiter längst bekannter, ähnlicher Institute von besonderem Wert sein, die neue Anstalt mit ihren Einrichtungen kennenzulernen und sich über die voraussichtlich zu erzielenden Ergebnisse zu unterhalten." (VDI 1926, S. V–VI)

Prandtl sah darin eine besondere Herausforderung, in seinem „Bericht über neuere Turbulenzforschung" die praktischen Anwendungen gebührend herauszustellen. Ausgehend von der turbulenten Rohrströmung und den Kugelwiderstandsexperimenten wies er besonders auf die jüngsten Messungen eines Doktoranden (Fritz Dönch) hin, in denen auch für die Strömung in verengten und erweiterten rechteckigen Kanälen gezeigt wurde, „was von vornherein nicht selbstverständlich war, daß das Gesetz der 7. oder 8. Wurzel auch hier für die wandnahen Schichten zutraf." Auch seinen Ansatz zur Berechnung der turbulenten Vermischung präsentierte er bei dieser Gelegenheit, allerdings in etwas anderem Gewand. Anstelle des „Austauschs" bei Schmidt bzw. Boussinesq benutzte er nun für die Schubspannung, die den turbulenten Impulsaustausch beschreibt, die auf Reynolds zurückgehende Darstellung $\tau = \rho \overline{u'v'}$, wobei u' und v' die Geschwindigkeitsschwankungen in x- und y-Richtung bedeuten. „Um hier weiterzukommen, muß man eine für die Bewegung kennzeichnende Länge einführen, die man als ‚Mischungsweg' kennzeichnen kann und die der ‚mittleren freien Weglänge' in der kinetischen Gastheorie verwandt ist." Unter der Annahme, dass sich Flüssigkeitsballen quer zur Hauptströmung (Geschwindigkeit $\overline{u}$) mit der Geschwindigkeit $l\frac{d\overline{u}}{dy}$ bewegen, und dass „zwei mit verschiedenem u', die sich voreinander befinden, beim Zusammenprallen Quergeschwindigkeiten von derselben Größe erzeugen werden", gelangte er zu dem Ausdruck

$$\tau = \rho l^2 \left(\frac{d\overline{u}}{dy}\right)^2.$$

Die Analogie zur mittleren freien Weglänge der Gastheorie verlieh dem „Bremsweg" oder „Mischungsweg" l eine weitere anschauliche Bedeutung. „Der angegebene Ansatz für τ hat sich übrigens auch insofern bereits in mehreren Fällen gut bewährt, als die theoretische Berechnung der Geschwindigkeitsverteilung auf Grund sehr einfacher Annahmen über l recht gute Übereinstimmung mit den Messungen ergeben hat." So wies Prandtl auch bei dieser Gelegenheit auf die bevorstehende Publikation Tollmiens über die turbulente Vermischung bei Luftstrahlen hin. „Durch weitere Forschungen über den Mischungsweg l, besonders auch in dem Fall des Abreißens der Strömung, und durch Ausbildung der entsprechenden Rechnungsmethoden hoffen wir so weit zu kommen, dass auch diese Vorgänge der Berechnung zugänglich werden." (Prandtl 1926, S. 9–11).

Im September 1926 fand in Zürich der 2. Internationale Kongress für technische Mechanik statt. Für Prandtl, Kármán und andere Koryphäen der Strömungsforschung stellten die inter-

nationalen Mechanikkongresse die wichtigste Bühne für die Verbreitung neuer Forschungsergebnisse dar (Battimelli 1988). Prandtls Vortrag „Über die ausgebildete Turbulenz" hatte
wieder den Mischungsweg-Ansatz zum Inhalt (Prandtl 1927). Die im Teil 2 wiedergegebene
Vortragsfassung repräsentierte für Prandtl die international maßgebende Darstellung seines
Mischungsweg-Konzepts. Im Unterschied zu seinen Vorträgen beim Symposium der Gesellschaft für Angewandte Mathematik und Mechanik (GAMM) in Dresden und der Göttinger
Hydrauliktagung betonte Prandtl nun mehr das herantastende Vorgehen bei der Suche nach
einer Theorie der Turbulenz. Es gelinge damit „auf einem durch Versuche kontrollierten
‚phänomenologischen' Weg verschiedene Gesetzmäßigkeiten, besonders über die in einer
vorgelegten turbulenten Strömung eintretende mittlere Bewegung, theoretisch zu verfolgen;
gerade die Angabe der mittleren Geschwindigkeit als Funktion des Ortes ist ja eine technisch
besonders wichtige Aufgabe." Den eigentlichen „Mechanismus der Turbulenz" könne man
damit aber noch nicht verstehen (Prandtl 1927, S. 62):

> Die Untersuchungen zur Frage der Turbulenz, die wir seit etwa fünf Jahren in Göttingen treiben,
> haben die Hoffnung auf ein tieferes Verständnis der inneren Vorgänge der turbulenten Flüs-
> sigkeitsbewegungen leider sehr klein werden lassen [...] Das, was ich das „große Problem der
> ausgebildeten Turbulenz" nennen möchte, ein inneres Verstehen und eine quantitative Berech-
> nung der Vorgänge, durch die aus den vorhandenen Wirbeln trotz ihrer Abdämpfung durch
> Reibung immer wieder neue entstehen, und eine Ermittlung derjenigen Durchmischungsstärke,
> die sich in jedem Einzelfall durch den Wettstreit von Neuentstehung und Abdämpfung einstellt,
> wird daher wohl noch nicht so bald gelöst werden.

Als Beleg dafür dienten ihm Fotografien von Wirbeln, die Nikuradse über einem Wasserversuchskanal mit einer auf einem Wagen mitfahrenden Kamera bei verschiedenen Geschwindigkeiten angefertigt hatte. Am Ende seines Vortrags zeigte Prandtl einen bei solchen Kame-
rafahrten hergestellten Film.[5] Aus den sichtbar gemachten Geschwindigkeitsschwankungen
habe man aber „noch nicht viel lernen können". Auch die von „Sekundärströmungen" herrührenden Mischbewegungen in offenen Gerinnen gaben Rätsel auf. Das sei auch Teil des
„großen Turbulenzproblems" und zeige, „daß die ausgebildete Turbulenz eine wesentlich
dreidimensionale Bewegung ist." Der Mischungsweg-Ansatz war bislang nur auf ebene
oder rotationssymmetrische Probleme angewandt worden, „denn den dreidimensionalen
Flüssigkeitsbewegungen gegenüber sind unsere heutigen mathematischen Hilfsmittel leider
im allgemeinen recht unzureichend." Immerhin sei eine gewisse „Ordnung der Erfahrungstatsachen" erreicht worden, „so dass man den Verzicht auf eine vollständige Erklärung wird
verwinden können." (Prandtl 1927, S. 75)

---

[5] Willert et al. (2019).

Neuere Ergebnisse der Turbulenzforschung (S. 102)

4

Michael Eckert

4.1 Die Tollmien-Schlichting-Instabilität

Trotz der Priorität für die Erforschung des „großen Turbulenzproblems" der ausgebildeten Turbulenz verlor Prandtl die Frage nach der Turbulenzentstehung nicht aus den Augen. Am Ende seines Zürich-Vortrags verwies er auf „Versuche über die Entstehung der Turbulenz", über die er aber erst später berichten wollte (Prandtl 1927, S. 75 (751)). Noch Anfang der 1920er Jahre hatte man das Instabilwerden laminarer Strömungen als „Das Turbulenzproblem" betrachtet (siehe Abschn. 3.1). Weder der Orr-Sommerfeld-Ansatz noch die an Rayleigh anschließende Stabilitätsanalyse von Prandtl und Tietjens führten zu einer Lösung. Tietjens konnte nur „die Unstimmigkeiten mit den Ergebnissen der bisherigen Theorien" konstatieren. Den Grund dafür sah er darin, „daß die Voraussetzungen, auf die sich die Rechnung aufbaut, nicht dem wirklichen physikalischen Vorgang entsprechen. Besonders die Annahme des geknickten Geschwindigkeitsprofils der Hauptströmung wird man für das ungenügende Resultat verantwortlich machen können." (Tietjens 1925, S. 214)

Danach überwies Prandtl das Problem einem anderen Doktoranden, der das Instabilwerden der Grenzschicht anhand „eines aus einer Parabel und einem geraden Stück zusammengesetzten Profiles" untersuchen sollte. „Diese Arbeit habe ich schon lange vor", schrieb Prandtl im Sommer 1926 an Ludwig Hopf, Kármáns Mitarbeiter in Aachen, der sich schon als Doktorand Sommerfelds mit dem Turbulenzproblem beschäftigt hatte, „aber sie ist dadurch stecken geblieben, daß ein Doktorand versagt hat."[1] Zwar hatte Werner Heisenberg 1923 gezeigt, dass der Orr-Sommerfeld-Ansatz für die ebene Poiseuille-Strömung durchaus eine Instabilität bei hohen Reynolds-Zahlen erwarten ließ (Heisenberg 1924), doch „Heisenbergs

---

[1] Prandtl an Hopf, 20. Juli 1926. AMPG, Abt. III, Rep. 61, Nr. 704.

M. Eckert (✉)
Forschungsinstitut, Deutsches Museum, München, Deutschland
E-mail: m.eckert@deutsches-museum.de

Schlussweise, der jedes mathematische Fundament fehlt," wurde nicht als Durchbruch in der Frage der Turbulenzentstehung betrachtet.[2] Noether hatte kurz zuvor mathematische Argumente für die Auffassung geliefert, dass man dieses Problem mit den bislang angewandten Methoden prinzipiell nicht lösen könne (Noether 1926). Prandtl hatte Noethers Arbeit „mit großem Interesse" zur Kenntnis genommen, „bzw. um es ehrlicher zu sagen, zu lesen versucht, denn meine mathematischen Kenntnisse reichen nicht entfernt hin, um Ihre Rechnungen ganz zu verstehen."[3]

Die mathematischen Schwierigkeiten dürften Prandtl davon überzeugt haben, das Problem nicht wieder einem Doktoranden anzuvertrauen, sondern seinem bewährten Mitarbeiter Tollmien, der gerade bei der Anwendung des Mischungsweg-Ansatzes sein mathematisches Können unter Beweis gestellt hatte. Im März 1929 legte Prandtl der Göttinger Akademie der Wissenschaften eine Abhandlung Tollmiens „Über die Entstehung der Turbulenz" zur Publikation in den Akademieabhandlungen vor, in der das aus einem Geradenstück und einer Parabel zusammengesetzte Geschwindigkeitsprofil nach dem Orr-Sommerfeld-Verfahren untersucht wurde und erstmals eine Instabilität der Laminarströmung bei kritischen Reynolds-Zahlen in Abhängigkeit von der Wellenlänge einer überlagerten Störwelle aufzeigte. Die niedrigste Reynolds-Zahl für das Einsetzen der Instabilität lag bei 420, was mit Experimenten über den Turbulenzumschlag bei der Plattengrenzschicht „in recht gutem Einklang" schien (Tollmien 1929, S. 44).

Im Herbst 1929 besuchte Prandtl den Weltingenieurkongress in Tokio. Dank zahlreicher Vortragseinladungen wurde daraus eine Weltreise, die er als Gelegenheit nutzte, um die neuesten Göttinger Forschungsergebnisse international publik zu machen (Eckert 2017, Abschn. 6.5). Sein in englischer Sprache publizierter Vortrag auf dem Weltkongress „On the Rôle of Turbulence in Technical Hydrodynamics" behandelte hauptsächlich die voll ausgebildete Turbulenz. Tollmiens Arbeit zur Turbulenzentstehung erwähnte er nur in der Einleitung (Prandtl 1931a, S. 405):

> A calculation carried out at my suggestion by Dr. Tollmien, and only just completed, deals with the laminar flow along a plane smooth wall, in which through the condition of no slip at the wall and the influence of the viscosity, a more or less thin layer of retarded fluid is formed. He has shown that this flow is slightly unstable with respect to certain small disturbances, if the Reynolds number exceeds a certain value. The wavelength of the disturbances calculated as instable is very great, six to ten times the thickness of the frictional layer, and thus these disturbances have in no manner a character of the turbulent flow; but in certain parts of these waves backflow occurs and this gives strongly instable situations which lead in a very short time to turbulence. This kind of process is also stated in our experimental research over the development of turbulence. First only slight long waves are to be seen and then suddenly a set of small vortices appear.

---

[2] Hopf an Prandtl, 2. August 1926. AMPG, Abt. III, Rep. 61, Nr. 704.

[3] Prandtl an Noether, 12. Juli 1926. AMPG, Abt. III, Rep. 61, Nr. 1155.

Auch in einem von drei Vorträgen an der Universität von Tokio, der im *Journal of the Aeronautical Research Institute, Tokyo, Imperial University* veröffentlicht wurde (Prandtl 1930), widmete sich Prandtl der Turbulenzentstehung. Nach seiner Rückkehr nach Deutschland machte er die auf diesem Gebiet erzielten Ergebnisse zum Thema seines Hauptvortrags bei der Jahresversammlung der GAMM des Jahres 1931 in Bad Elster. Darin knüpfte er an seinen Vortrag beim Physikertag in Jena 1921 an, wo die paradox anmutenden Ergebnisse dazu wenig Hoffnung auf einen Durchbruch in dieser Frage aufkommen ließen. „In dem damals entwickelten Programm sind wir in der Zwischenzeit um einige Schritte weitergekommen", so eröffnete er nun seinen Vortrag. „Zu einem Abschluß der Untersuchungen wird es aber noch ein gutes Stück Weges weiter sein." Was er nach zehn Jahren Forschung präsentierte, sei nur „ein bescheidener Zwischenbericht". Heisenberg habe zwar in seiner Münchner Dissertation als erster mit dem Orr-Sommerfeld-Ansatz eine Stabilitätsgrenze gefunden, (Prandtl 1931b, S. 408–409)

> doch sind seine numerischen Rechnungen nicht weit genug durchgeführt worden. Die erste m. E. einwandfreie Rechnung ist von W. Tollmien durchgeführt worden. Diese Rechnung, die allerdings nur eine erste Näherung für kleine Zähigkeit darstellt, ergab eine klare kritische Geschwindigkeit, deren Wert nicht schlecht zu den Versuchen stimmt. Tollmien rechnete allerdings nur die Stabilitätsgrenze, nicht aber die Größe der Anfachung im instabilen Gebiet. [...] Im weiteren Programm unserer Untersuchungen steht ein quantitatives Studium der wellenartigen Störungen zur Nachprüfung der Tollmienschen Theorie, ferner eine genauere Untersuchung des Mechanismus beim Anwachsen einer Einzelstörung zur vollen Turbulenz.

Die hier angekündigte Untersuchung über die Anfachung instabiler Störwellen überantwortete Prandtl Hermann Schlichting, der 1930 in seiner Doktorarbeit „Über das ebene Windschattenproblem" einen virtuosen Umgang mit dem Mischungsweg-Ansatz gezeigt und mit Messungen des turbulenten Nachlaufs hinter Modellen im Windkanal der AVA auch eine befriedigende Übereinstimmung der theoretischen Ergebnisse mit dem Experiment erzielt hatte (Schlichting 1930). Im Anschluss daran widmete sich Schlichting auf Anregung Prandtls Stabilitätsanalysen à la Tollmien. Er analysierte zunächst die Strömung in einem rotierenden Zylinder, dann die ebene Couette-Strömung, wobei er einen „Anlaufeffekt" für das sich einstellende stationäre Geschwindigkeitsprofil der Laminarströmung in Rechnung stellte (Schlichting 1932a, b). Danach nahm er sich die von Prandtl gestellte Aufgabe vor, „die Größe der Anfachung im instabilen Gebiet" bei der Plattenströmung zu bestimmen (Schlichting 1933, S. 183):

> Eine explizite Berechnung der Größe der Anfachung für jeden vorgegebenen Strömungszustand und jede vorgegebene Störungswellenlänge ist uns zwar bisher noch nicht gelungen, jedoch lassen sich durch Weiterentwicklung der früheren Rechenmethoden Aussagen machen über die Anfachung derjenigen Störungen, die in der Nähe der Stabilitätsgrenze liegen. Durch eine einfache Interpolation kann man dann hieraus auch für die im Innern des Instabilitätsbereiches gelegenen Störungen die Größe der Anfachung abschätzen.

Prandtl erhoffte sich von dieser Untersuchung Aufklärung über das Anwachsen infinite-
simaler Störungen bei der laminaren Strömung in der Plattengrenzschicht. Neben dieser
Tollmien-Schlichting-Instabilität, wie sie später genannt wurde, war er sich jedoch darüber
im Klaren, „dass die wirklich auftretenden Anfangsstörungen sehr viel mannigfaltiger sein
werden", wie er in seinem GAMM-Vortrag 1931 in Bad Elster ausführte. „Hierfür können
nur aus Versuchen weitere Aufschlüsse erwartet werden. Wir haben deshalb in Göttingen
eine neue Versuchseinrichtung gebaut, mit der diese Dinge besser als früher beobachtet
werden können." Die Apparatur bestand aus einem 20 cm breiten und 6 m langen Wassergerinne mit rechteckigem Querschnitt, bei dem durch eine konvergente Formgebung des
Einlaufs und durch einen vorgeschalteten „Beruhigungsbehälter" für einen möglichst stö-
rungsfreien Wasserzustrom gesorgt wurde. Turbulenzerzeugende Störungen wurden gezielt
erzeugt, indem an einer Seitenwand durch ein Sieb Wasser abgesaugt wurde oder mit einem
hin- und herbewegten Keil eine periodische Störung verursacht wurde. Die so erzeugten
Wirbel wurden „kinematographisch festgehalten" (Prandtl 1931b, S. 409) (Abb. 4.1).

Zwei Jahre später behandelte Prandtl die Turbulenzentstehung in seinem Bericht in der
Zeitschrift des Vereins Deutscher Ingenieure über „Neuere Ergebnisse der Turbulenzforschung" (siehe Teil 2, (Prandtl 1933, S. 105 (819))) nur sehr kurz – auf einer von zehn
Druckseiten. Er verwies auf seinen Vortrag in Bad Elster und zitierte die einschlägigen
Arbeiten von Tollmien und Schlichting, was die bei der Stabilitätsanalyse erzielten Fortschritte betraf. Mit Bezug auf die Versuche am Wassergerinne gestand er, dass es nicht
möglich gewesen sei, das Instabilwerden der Strömung ohne äußere Ursachen zu beobach-

Abb. 4.1 Ludwig Prandtl vor dem Versuchsgerinne für das Studium der Turbulenzentstehung.
(Quelle: DLR-Archiv, Bild Nr. FS-0258)

ten, denn bei aller Sorgfalt „war es doch nicht möglich, alle Einlaufstörungen hinreichend zu beseitigen, so dass bald hier, bald dort in unregelmäßiger Folge ein Herd von turbulenter Bewegung auftrat, der sich nun ziemlich rasch weiter ausdehnte." Nur über die künstlich erzeugte Turbulenz ergab sich ein klareres Bild. Aus einer gezielt am Rand der Wasser- rinne hervorgerufenen Störung entwickelte sich eine immer größere Wirbelgruppe, die von der mitfahrenden Kamera gefilmt wurde und in einer Bilderreihe „diese Entwicklung und das weitere Anwachsen dieses Turbulenzherdes" anschaulich machte (Prandtl 1933, S. 106 (821)).

4.2   Die Rivalität zwischen Prandtl und Kármán

Während Prandtls Weltreise wuchs sich die Rivalität mit Kármán zu einem Wettrennen um das richtige „Wandgesetz" aus, mit dem das Geschwindigkeitsprofil und die Reibung einer turbulenten Strömung im Rohr, in einem Kanal oder entlang einer Platte beschrieben wurde. Kurz vorher, im Sommer 1928, hatte Kármán brieflich Prandtl über seine geplanten Versuche zur Kanalströmung informiert, die eine ähnliche Zielsetzung wie die von Nikuradse in Göttingen durchgeführten Versuche verfolgten:[4]

> Bezüglich strömungstechnischer Fragen wollen wir natürlich auch die Versuche mit glatten und rauhen Rinnen auf große Reynoldssche Zahlen erweitern. Ich habe zwei große Kessel zu diesem Zwecke aufgebaut und einen Wasserturm errichtet. Ich glaube aber, dass für diese grundlegenden Versuche eine Doppelarbeit nicht schädlich ist, insbesondere, weil man doch die Versuche als Anleitung für Ausarbeitung der Theorie benutzen möchte.

Mit der Durchführung dieser Versuche hatte Kármán seinen Doktoranden Walter Fritsch betraut. Als Ergebnis fand Fritsch in der Mitte des Kanals eine Ähnlichkeit für die turbu- lenten Geschwindigkeitsprofile: Das gleiche Profil konnte von einer Strömung bei glatten Kanalwänden mit kleiner Strömungsgeschwindigkeit und bei rauhen Wänden mit größerer Geschwindigkeit herrühren (Fritsch 1928). Kármán folgerte daraus, dass die Geschwindig- keitsverteilung nicht von der Oberflächenbeschaffenheit der Kanalwand, sondern nur von der Schubspannung an der Wand abhängt. In einem Brief an Johannes Martinus Burgers beschrieb er die darauf aufbauenden Schritte auf dem Weg zu einer Theorie der turbulenten Wandreibung:[5]

> Ich habe außerdem ausgerechnet, was man über das Widerstandsgesetz aussagen kann, wenn man folgende Annahmen macht:
>
> a) Das Geschwindigkeitsprofil in ähnlichen Röhren ist nur von der Spannung an der Wand abhängig.

---

[4] Kármán an Prandtl, 2. August 1928. MPGA, Abt. III, Rep. 61, Nr. 792.

[5] Kármán an Burgers, 12. Dezember 1929. Papers of Theodore von Kármán. Archives, California Institute of Technology, 4.22.

b) Der Mischungsweg im Prandtl'schen Sinne ist in der Nähe der Wand mit der Wandentfernung proportional.

c) Beim Übergang zur Laminarschicht schreibt man in dem Prandtl'schen Ansatz statt τ die Grösse $\tau - \mu \frac{dU}{dn}$.

Mit diesen Ansätzen kommt man zu dem Widerstandsgesetz: [...]

Die einzige wesentliche Konstante ist dabei der Proportionalitätsfaktor des Mischungsweges in der Nähe der Wand.

Kármán präsentierte seinen Ansatz im Januar 1930 – da befand sich Prandtl noch auf Weltreise – unter der Überschrift „Mechanische Ähnlichkeit und Turbulenz" an der Göttinger Akademie der Wissenschaften. Die Ähnlichkeitshypothese bestand in der Annahme, dass die mittleren turbulenten Störungen an verschiedenen Stellen sich nur in Bezug auf Längen- und Zeitskalen unterscheiden. Kármán betrachtete die Turbulenzbewegung in einer ebenen Kanalströmung in x-Richtung, die von zwei Wänden im Abstand $y = \mp h$ begrenzt wird, von der Kanalmitte ($y = 0$) aus. Den Mischungsweg definierte er anders als Prandtl als den „Längenmaßstab der Störungen charakteristischer Länge" durch

$$l = k \frac{\frac{dU}{dy}}{\frac{d^2U}{dy^2}},$$

„wobei k eine dimensionslose Konstante ist... Sie ist die einzige Konstante, die in die hier entwickelte Theorie der Turbulenz eingeht." Für die Schubspannung nahm er an, dass sie vom Wert τ_0 an der Wand zur Kanalmitte hin proportional zum Wandabstand abnahm ($\tau = \tau_0 \frac{y}{h}$). Mit dem Mischungsweg-Ansatz ($\tau = \rho(l\frac{dU}{dy})^2$) ergab dies nach Einsetzen von l eine Differentialgleichung zweiter Ordnung für $U(y)$

$$\tau = \rho \left(k \frac{\left(\frac{dU}{dy}\right)^2}{\frac{d^2U}{dy^2}} \right)^2 = \tau_0 \frac{y}{h},$$

die nach zweimaliger Integration ein logarithmisches Geschwindigkeitsprofil lieferte (von Kármán 1930, S. 64–66):

$$U = U_{\max} + \frac{1}{k}\sqrt{\frac{\tau_0}{\rho}} \left[\log\left(1 - \sqrt{\frac{y}{h}}\right) + \sqrt{\frac{y}{h}} \right].$$

Für k ermittelte Kármán durch Vergleich mit Messungen den Wert 0,38. Er störte sich nicht an der Singularität für $y = h$, da hier die für die Kanalmitte angenommene Ähnlichkeitsbetrachtung ihre Gültigkeit verlor und die Zähigkeit μ nicht mehr vernachlässigt werden könne. Unmittelbar an der Wand müsse eine „Laminarschicht" angenommen werden. Die Einbeziehung der Zähigkeit ging mit der Einführung einer weiteren Konstante einher, die aus dem Vergleich mit Experimenten zu bestimmen war. Auch für die Berech-

nung des Widerstands musste die Laminarschicht berücksichtigt werden. Kármán leitete für
den Widerstand der Kanalströmung mit den Hilfsgrößen einer „Reynolds-Zahl" und einer
„Reibungszahl", definiert durch

$$R_m = \frac{U_{max}h}{\nu} \quad \text{und} \quad \psi = \sqrt{\frac{\tau_0}{\frac{1}{2}\rho U_{max}^2}},$$

folgenden Ausdruck ab:

$$\frac{k\sqrt{2}}{\sqrt{\psi}} = \log(R_m\sqrt{\psi}) + C$$

C war dabei eine weitere, aus Experimenten zu bestimmende Konstante. Die Formel sollte
unverändert auch für die Rohrströmung gültig sein, „wobei die Konstante k sogar denselben
Wert behält und nur die Konstante C verschieden wird. In der Ableitung ist eben nur das
Ergebnis benutzt, daß der Mischweg $k \times$ Wandabstand beträgt, ferner die Abschätzung
der Dicke der Laminarschicht." Aus dem Abgleich mit experimentellen Messwerten bei
der Rohrströmung, die ihm Nikuradse mitgeteilt hatte, fand Kármán das logarithmische
Widerstandsgesetz in guter Übereinstimmung „in einem Bereich, der von $R_m = 2000$ bis
$R_m = 1\,600\,000$ sich erstreckt." (von Kármán, 1930, S. 70–72)

Nach der Berechnung des Geschwindigkeitsprofils und der Widerstandsformel für eine
glatte Begrenzung erweiterte Kármán seine Theorie auch auf rauhe Kanal- bzw. Rohrwände.
In diesem Fall sei der kleinste Wert der charakteristischen Länge nicht durch die Laminarschicht, sondern durch die Größe der Rauhigkeitselemente (ε) bedingt. Damit vereinfachte
sich die Formel für die Widerstandszahl zu (von Kármán 1930, S. 74)

$$\frac{k\sqrt{2}}{\sqrt{\psi}} = \log\frac{h}{\varepsilon} + \text{const.}$$

Diese Gleichung ließ sich nach ψ auflösen und ergab das aus Versuchen bekannte quadratische Widerstandsgesetz $\tau_0 \sim U_{max}^2$ mit einer logarithmischen Abhängigkeit von der
Rauhigkeit, für die eine experimentellen Überprüfung aber noch ausstand.

Im August 1930 präsentierte Kármán seine Theorie auf dem Dritten Internationalen
Kongress für angewandte Mechanik in Stockholm (von Kármán 1931). Dabei zeigte er, dass
auch bei der Anwendung auf die Oberflächenreibung von längs angeströmten glatten Platten
seine „neue Theorie" besser mit den experimentellen Messungen von Schleppversuchen
übereinstimmte als die alte „Prandtl v. Kármán 1921" Theorie (von Kármán 1931, Fig. 3).

In Göttingen beflügelte Kármáns Theorie die Rivalität mit Prandtl. „Mit Ihrer Turbulenztheorie haben wir uns, d. h. Nikuradse und ich, in der letzten Zeit sehr eingehend befaßt",
schrieb Prandtl im November 1930 nach Pasadena, wo Kármán das Wintersemester 1930/31
verbrachte. Das besondere Interesse galt der von Kármán als universell betrachteten Konstante k. Für große Reynolds-Zahlen ergaben die Messwerte von Nikuradse bei der Rohrströmung „als besten Wert $k = 0,44$", während bei kleineren Reynolds-Zahlen, wo die
Zähigkeit noch in Betracht gezogen werden musste, die Auswertung „auch zu Werten von

$k = 0,35$ bis $k = 0,38$ " führte.[6] Kármán schrieb zurück, dass er versuchen wollte, „für die Mitte des Kanals eine weitere Annäherung zu gewinnen. Wie es mit dem Zähigkeitseinfluss ist? Da fehlt noch eine gute Idee."[7]

Wie zuvor schon zwischen Göttingen und Aachen verlagerte sich nun die Konkurrenz um die Führung an der vordersten Forschungsfront bei der Turbulenztheorie nach Pasadena, wo Kármán in diesen Jahren jedes zweite Semester als Direktor des Guggenheim Aeronautical Laboratory am California Institute of Technology (GALCIT) verbrachte. Im Dezember 1931 schrieb Prandtl an Kármán, dass er jetzt bei der „Vereinfachung Ihrer Turbulenzbetrachtungen" eine Formel abgeleitet habe, die mit Nikuradses Messungen „noch besser stimmt als die Ihrige, obwohl mehr Vernachlässigungen dabei begangen werden."[8] Um diese Zeit arbeitete er an der „IV. Lieferung" der *Ergebnisse der Aerodynamischen Versuchsanstalt zu Göttingen*, wo er die neuesten Ergebnisse der Göttinger Turbulenzforschung in einem Kapitel „Zur turbulenten Strömung in Rohren und längs Platten" beschrieb. „Die vorstehenden Betrachtungen berühren sich stark mit Betrachtungen von Prof. v. Kármán", so verwies er auf Kármáns Artikel in den Nachrichten der Göttinger Akademie und den Stockholmer Kongressbericht. Er gestand Kármán die Priorität bei den logarithmischen Gesetzen für die turbulente Reibung zu, beharrte aber darauf, dass die eine oder andere Formulierung der Theorie schon vorher in Göttingen erzielt worden sei. Diese Formeln „lagen aber schon vor, als die Kármánschen bekannt wurden", fügte er an einer Stelle als Fußnote hinzu. In einem „Zusatz bei der Korrektur, März 1932" ergänzte er, dass er seine Theorie „vor rund einem Jahre niedergeschrieben habe", was Kármán immer noch die Priorität beließ, den Vorsprung jedoch auf wenige Monate zusammenschrumpfen ließ (Prandtl 1932, S. 27).

Tatsächlich hatte Prandtl im Oktober 1929 bei seinem Vortrag an der Universität in Tokio ein logarithmisches Geschwindigkeitsprofil in Wandnähe noch ausgeschlossen. „Der Ansatz l proportional y führt nicht zum Ziel, da dies

$$\bar{u} \ \text{prop.} \ \log y$$

liefern würde, was $\bar{u} = -\infty$ für $y = 0$ ergeben würde." (Prandtl 1930, S. 9) Er muss sich aber kurz darauf doch zu der logarithmischen Formel durchgerungen haben, denn eine Woche später argumentierte er bei seinem Vortrag auf dem Weltingenieurkongress folgendermaßen: „For constant φ and constant $v_\star$ we should have a velocity proportional to $v_\star$ ($\log R^\star + C$)". Darin ist $R^\star = \frac{v_\star y}{v}$ die mit der Schubspannungsgeschwindigkeit gebildete Reynolds-Zahl und $\varphi(R^\star)$ der Proportionalitätsfaktor im Mischungsweg-Ansatz ($l = \varphi(R^\star)y$). „Experiments have not yet, unfortunately, reached the region in which the constancy of φ might become clear", so ließ er die Gültigkeit des logarithmischen Gesetzes noch in der Schwebe; „nevertheless it is to be hoped that sufficiently great Reynolds numbers will be experimentally reached in the near future." (Prandtl 1931a, S. 409)

---

[6] Prandtl an Kármán, 29. November 1930. MPGA Nr. 792.

[7] Kármán an Prandtl, 16. Dezember 1930. MPGA Nr. 792.

[8] Prandtl an Kármán, 21. Dezember 1931. MPGA Nr. 792.

Im Sommer 1932 eskalierte die Rivalität zwischen Prandtl und Kármán. Im Mai dieses Jahres hatte an der Hamburgischen Schiffbau-Versuchsanstalt eine Konferenz stattgefunden, bei der Kármán seine Theorie nicht persönlich, sondern nur in Form eines dort verlesenen Aufsatzes präsentiert hatte, während Prandtl und seine Schüler die Göttinger Ergebnisse vor Ort publik machen konnten. Als danach in der Zeitschrift *Werft Reederei Hafen* ein Bericht eines Konferenzteilnehmers erschien, in dem die Priorität für das logarithmische Wandgesetz Prandtl zugeschrieben wurde, platzte Kármán der Kragen. Die jüngsten Fortschritte seien „historisch unrichtig" dargestellt, schrieb er sichtlich verärgert an Prandtl. Eigentlich sei seine Priorität ja aus den Publikationen des Jahres 1930 offensichtlich, aber er befürchtete, dass in der noch nicht erschienenen „Vierten Lieferung" der *Ergebnisse der Aerodynamischen Versuchsanstalt zu Göttingen* dies nicht deutlich genug zum Ausdruck gebracht würde:[9]

> Ich möchte Sie bitten, falls es noch nicht zu spät ist, die Textierung der G.[öttinger] E.[rgebnisse] noch einmal darauf anzusehen, ob meine Arbeiten richtig berücksichtigt sind. Ich fasse die Fakten zusammen:
>
> a) Die Formel für glatte Rohre steht in G.[öttinger] Nachrichten 1930
> b) die Formel für glatte Platten in Stockholm 1930.
> c) die Formel für rauhe Rohre in den G. Nachrichten befindet sich auch wiedergegeben in Tollmiens Handbuch 1931 (Tollmien 1931), war aber damals schon „Gemeingut".
>
> [...]
> Dabei beachten Sie, dass Göttinger Ergebnisse ein Standardwerk für Praktiker sind, so dass wenn dort die Sachlage einseitig dargestellt ist, bleibt meine Rolle in der Sache ewig begraben. Wer liest G.[öttinger] N.[achrichten] und Stockholmer Kongress?
>
> Ich schreibe über diese Sache ganz offen, wie ich denke, da ich Sie als Beispiel des gerechten Menschen kenne [...] Aber ‚Ihren Leutnants', die begreiflicher Weise keinen Gott außer Ihnen kennen, traue ich nicht so ganz, die möchten hie und da Alles für Göttingen haben. Dies ist der Grund weshalb ich Sie bitte, die Ergebnisse nochmals anzusehen und revidieren.

Prandtl versicherte Kármán, dass in den *Ergebnissen* die Entwicklung historisch korrekt dargestellt werde. Ihm sei bei der Rückkehr von seiner Weltreise angesichts der in seiner Abwesenheit durchgeführten Messungen Nikuradses klar geworden, dass es sich beim Wandgesetz um eine logarithmische Formel handeln müsse. Da sei es naheliegend gewesen, die Theorie ähnlich wie Kármán weiterzuentwickeln. Er wollte aber im Unterschied zu Kármán nicht „alles auf theoretischen Hypothesen" gründen, sondern von den experimentelle Befunden ausgehen. So sei er zu fast denselben Ergebnissen wie Kármán gelangt, die sich „nur in den Bezeichnungen und in den gewählten Zahlfaktoren unterscheiden". Da sie näher am Experiment orientiert seien, „musste es kommen, dass unsere zum praktischen Gebrauch fertiggemachte Formel Ihnen einstweilen den Rang ablief."[10]

---

[9] Kármán an Prandtl, 26. September 1932. MPGA Nr. 793. Ausführlich in (Eckert 2017, Abschn. 6.8).
[10] Prandtl an Kármán, 19. Dezember 1932. AMPG, Abt. III, Rep. 61, Nr. 793.

4.3   Grundbegriffe der ausgebildeten Turbulenz

Unter dieser Überschrift lieferte Prandtl in der Zeitschrift des VDI auf zwei Druckseiten eine auf Anschaulichkeit angelegte Darstellung des Mischungsweg-Ansatzes (Prandtl 1933, S. 106 (823)). Er folgte dabei ganz bewusst „nicht der geschichtlichen Entwicklung" und verzichtete auf mathematische Ausführungen, die mit der Anwendung dieses Ansatzes wie bei der Berechnung der turbulenten Strahlverbreiterung oder des turbulenten Nachlaufs im Windschatten von Objekten einhergingen. Stattdessen setzte er für eine ebene Strömung in x-Richtung mit der mittleren Geschwindigkeit $u(y)$ (y = Wandabstand) ohne weitere Begründung („in erster Näherung") die für die turbulente Vermischung maßgebliche Geschwindigkeit gleich $l\frac{du}{dy}$ und die Schubspannung

$$\tau = \rho \left(l \frac{du}{dy} \right)^2 .$$

Darin bleibe „keine andere Möglichkeit als die, den Mischungsweg dem Wandabstand proportional zu setzen:

$$l = \kappa y .$$

κ ist dabei ein universeller Zahlenbeiwert, der aus Versuchen bestimmt werden kann." Damit ergab sich

$$\frac{du}{dy} = \frac{1}{\kappa y} \sqrt{\frac{\tau}{\rho}} ,$$

woraus sich bei konstanter Schubspannung τ durch Integration das Geschwindigkeitsprofil ergab:

$$u(y) = \frac{1}{\kappa} \sqrt{\frac{\tau}{\rho}} (\ln y + \text{const.}).$$

„Durch Vergleich mit Versuchsergebnissen findet man als runden Wert von κ die Zahl 0,4." (Prandtl 1933, S. 108 (827)) Die Singularität für $y = 0$, an der er sich früher gestört hatte, erwähnte er an dieser Stelle nicht.

Damit erschien κ als eine fast natürliche Konsequenz des an Messergebnisse angepassten Mischungsweg-Ansatzes – unabhängig von Kármáns Theorie, die Prandtl im folgenden Abschnitt kurz abhandelte. Der Kármánsche Mischungsweg-Ansatz

$$l = \kappa' \frac{\frac{du}{dy}}{\frac{d^2u}{dy^2}}$$

führe bei konstanter Schubspannung zu dem Geschwindigkeitsprofil

$$u(y) = \frac{1}{\kappa'} \sqrt{\frac{\tau}{\rho}} (\ln(y + C_1) + C_2).$$

„Es ergeben also in dem Fall einer konstanten Schubspannung die beiden Ansätze dieselbe Geschwindigkeitsverteilung", und bei Anpassung an dieselben Versuchsergebnisse $\kappa' = \kappa$.

Der Gleichung für $u(y)$ war zu entnehmen, dass die Größe $\sqrt{\tau}/\rho$ einer Geschwindigkeit entsprach. „Diese Geschwindigkeit ist uns für verschiedene, in folgendem anzustellende Ähnlichkeitsbetrachtungen sehr wertvoll. Wir wollen sie deshalb mit $v_\star$ bezeichnen und ‚Schubspannungsgeschwindigkeit' nennen" (Prandtl 1933, S. 108 (828)).

4.4 Das Reibungsgesetz für die turbulente Rohrströmung

Im Kern ging es Prandtl 1933 bei seiner Übersicht über die jüngsten Fortschritte der Turbulenzforschung in der Zeitschrift des VDI weniger um die Grundlagen als um die von Nikuradse kürzlich durchgeführten experimentellen Untersuchungen, an denen sich die theoretischen Ergebnisse orientierten. Dazu mussten die im Abschnitt über Grundlagen für die ebene Kanalströmung abgeleiteten Formeln für die Rohrströmung (Radius r) uminterpretiert und die darin enthaltenen Konstanten Nikuradses Messungen angepasst werden. Die noch unveröffentlichten Versuchsergebnisse betrafen den Widerstand von Rohren verschiedener Weite, die „durch Aufkleben von gesiebtem Sand verschiedener Korngrößen mithilfe eines geeigneten Lackes in verschiedenem Grad rauh gemacht worden waren", wie Prandtl erläuterte, wobei die Korngröße k als Rauhigkeitsmaß in die Theorie eingeführt wurde. Prandtl fand für den Widerstandskoeffizienten λ

$$\frac{1}{\sqrt{\lambda}} = 2{,}0 \log \frac{r}{k} + 1{,}74 \,.$$

In einem Diagramm präsentierte er Nikuradses Messwerte für sechs verschieden rauhe Rohre, die diese Formel glänzend bestätigten. Mit Blick auf die Rivalität mit Kármán fügte er hinzu, dass eine dazu analoge Formel „erstmalig von v. Kármán angegeben worden ist. Von ihm stammt auch die geradlinige Auftragung." (Prandtl 1933, S. 110 (834))

Für glatte Rohre trat an die Stelle der Rauhigkeit die laminare Unterschicht. „Die Rauhigkeiten werden hier mehr oder minder von einer langsamer gleitenden Flüssigkeitsschicht eingehüllt und werden dadurch für den Widerstandsmechanismus unwirksam." Die dafür maßgeblichen Formeln für die Geschwindigkeitsverteilung und den Wiederstandskoeffizienten hatte Nikuradse bereits in seiner vorangegangenen Untersuchung über „Gesetzmäßigkeiten der turbulenten Strömung in glatten Rohren" angegeben (Nikuradse 1932, S. 29). Prandtl gab sie in geringfügig modifizierter Form wieder, um den Unterschied zu den Formeln für rauhe Rohre aufzuzeigen. Abgesehen von geänderten Konstanten trat jetzt an die Stelle von $\frac{r}{k}$ als Argument des Logarithmus $\frac{v_\star y}{v}$. In der Formel für den Widerstandskoeffizienten führte Prandtl die mit der mittleren Strömungsgeschwindigkeit gebildete „Reynolds-Zahl" $Re = \frac{\bar{u}r}{v}$ ein und erhielt (Prandtl 1933, S. 110 (837))

$$\frac{1}{\sqrt{\lambda}} = 2{,}0 \log(Re\sqrt{\lambda}) - 0{,}8 \,.$$

Als Quintessenz seiner Ausführungen präsentierte Prandtl Kurvenscharen, in denen die turbulente Rohrreibung für unterschiedliche Rauhigkeiten als Funktion der Reynolds-Zahl dargestellt wurde, und eine „Rauhigkeitsfunktion", bei der von der glatten bis zur vollständig rauhen Rohrwand alle Messwerte zu einer einzigen Kurve kollabierten (Prandtl 1933, Abb. 9 und 10). Wenig später wurden die Messungen Nikuradses, die Prandtls Bericht zugrunde lagen, in einem eigenen Forschungsheft des Vereins Deutscher Ingenieure publiziert. Nikuradse fasste die Quintessenz seiner Ergebnisse folgendermaßen zusammen (Nikuradse 1933, S. 21):

Im Bereich I für kleine Reynoldsschen Zahlen ist die Widerstandszahl von rauhen Rohren die gleiche wie bei glatten Rohren. In diesem Bereich liegen die Rauhigkeitserhebungen völlig innerhalb der laminaren Schicht. Im Bereich II (Übergangsgebiet) beobachtet man eine Zunahme der Widerstandszahl mit wachsender Reynoldsscher Zahl. Die Dicke der Laminarschicht ist hier von der gleichen Größenordnung wie die Rauhigkeitserhebung. Im Bereich III schließlich ist die Widerstandszahl unabhängig von der Reynoldsschen Zahl (quadratisches Widerstandsgesetz). Hier ragen alle Rauhigkeitserhebungen aus der Laminarschicht hervor, und es gilt für die Widerstandszahl λ die einfache Formel

$$\lambda = \frac{1}{(1,74 + 2,0 \lg r/k)^2} \, .$$

Ein Jahr später publizierte auch Kármán, der inzwischen dauerhaft nach Pasadena übergesiedelt war, eine zusammenfassende Darstellung der jüngsten Fortschritte auf dem Gebiet der turbulenten Reibung (von Kármán 1934). Wie Prandtl betonte er die praktischen Anwendungen, aber im Unterschied zu Prandtl ließ er auch keinen Zweifel darüber aufkommen, wann und von wem die entscheidenden theoretischen Fortschritte erzielt wurden. „The first semiempirical theory of turbulent skin friction was given in 1921 by Prandtl and by the present author", so teilte er sich das Geburtsrecht für das 1/7-Gesetz mit Prandtl. Den Durchbruch zu den logarithmischen Wandgesetzen reklamierte er jedoch für sich allein: „The recent development of the theory presented in this paper started with the author's publications in 1930." (von Kármán 1934, S. 1)

Michael Eckert

5.1 Windkanalturbulenz und statistische Turbulenztheorie

Die logarithmischen Gesetze für das Geschwindigkeitsprofil und die Wandreibung, die Prandtl und Kármán als Rivalen um eine Theorie der Turbulenz formuliert hatten, wurden vor allem in hydraulischen Experimenten über Rohr- und Kanalströmungen überprüft und bestätigt. Für die Messungen wurden Pitot-Sonden benutzt. Zu Beginn der 1930er Jahre zeichnete sich für die Untersuchung turbulenter Luftströmungen mit Hitzdrahtsonden eine neue Messtechnik ab (Burgers 1931). Die Hitzdraht-Anemometrie war in den 1920er Jahren in den Laboratorien von Johannes Martinus Burgers in Delft (Alkemade 1995, Abschn. E.3) und von Hugh Dryden am National Bureau of Standards in Washington (Dryden und Kuethe 1929) für aerodynamische Untersuchungen im Windkanal entwickelt worden und kam in den 1930er Jahren in vielen aeronautischen Versuchsanstalten zum Einsatz. Damit war ein hoher Aufwand an elektronischen Apparaturen verbunden, der jedoch lohnend erschien, da anders als bei den Druckmessungen mit Pitot-Sonden die Geschwindigkeitsfluktuationen turbulenter Luftströme direkt messbar wurden.

„Ich glaube nicht, dass man durch Beobachtung der Drucke ein klares Resultat erreichen kann", schrieb Prandtl im Dezember 1932 an Geoffrey Ingram Taylor, „weil es meines Wissens kein Instrument gibt, das diese kleinen Druckschwankungen mit der nötigen Schnelligkeit aufzeichnet. Dagegen wird man mit Hitzdrahtanordnungen gute Resultate erzielen können." Prandtl wusste sich mit Taylor „einer Meinung", dass man die Hitzdraht-Messmethode auch für Korrelationsmessungen von benachbarten Geschwindigkeitsfluktuationen benutzen konnte. Er war davon überzeugt, dass aus solchen Korrelationsmessungen, „für die wir auch eine Hitzdrahtanordnung vorbereitet haben, sehr wichtige Aufschlüsse über das

M. Eckert (✉)
Forschungsinstitut, Deutsches Museum, München, Deutschland
E-mail: m.eckert@deutsches-museum.de

M. Eckert (Hrsg.), *Ludwig Prandtl und die moderne Strömungsforschung,* Klassische Texte
der Wissenschaft, https://doi.org/10.1007/978-3-662-67462-8_5

Verhalten der turbulenten Strömungen erzielt werden können."[1] Zwei Jahre später beschrieb er diese von seinem Mitarbeiter Hans Reichardt aufgebaute Versuchsanordnung und die damit gemessene Korrelation von Geschwindigkeitsfluktuationen an zwei benachbarten Stellen im Messquerschnitt eines Windkanals (Prandtl und Reichardt 1934).

Ähnliche Messungen ließ auch Kármán von seinem Mitarbeiter Frank Wattendorf am Guggenheim Aeronautical Laboratory des California Institute of Technology (GALCIT) durchführen (von Kármán 1934, S. 8). In England regte G. I. Taylor die Anwendung der Hitzdraht-Anemometrie für die Untersuchung der Windkanalturbulenz am National Physical Laboratory (NPL) an. Schon die ersten Ergebnisse waren vielversprechend (Simmons und Salter 1934, S. 213)

> During its development the method was applied to an examination of the flow in the wind tunnel, and some interesting facts were revealed about turbulent flow and the changes of motion brought about by the mixing and diffusion of a regular eddying system during its passage downstream.

Die Messung von Geschwindigkeitsfluktuationen und Korrelationskoeffizienten im Windkanal lieferte neues Material für eine Theorie der ausgebildeten Turbulenz. Sie konnte damit über den Mischungswegansatz hinaus zu einer statistischen Turbulenztheorie erweitert werden. Den Auftakt dafür setzte G. I. Taylor. „The compensated hot wire is capable of being used to measure several of the quantities which are necessarily considered in any statistical theory of turbulence", so bezog sich Taylor auf die von ihm angeregten Experimente am NPL, bei denen mit diesem Verfahren die hinter einem Gitter („honeycomb") im Luftstrom eines Windkanals erzeugte Turbulenz vermessen wurde. „The turbulence which occurs in wind tunnels is produced or controlled by a honeycomb with cells of a definite size. In a wind tunnel, therefore, there is an a priori reason why the turbulence might be expected to be of some definite scale." (Taylor 1935, S. 426–428)

Danach entwickelte sich die statistische Theorie der Turbulenz – in engem Bezug zu Turbulenzmessungen im Windkanal – zu einem lebhaften Forschungsfeld. Im August 1936 berichteten Dryden und seine Mitarbeiter über ihre Experimente am National Bureau of Standards, die sie zu einem aus statistischen Größen definierten Maß der voll ausgebildeten Turbulenz führten (Dryden et al. 1936). An die Stelle der von Prandtl eingeführten, aus dem Kugelwiderstand bestimmten kritischen Reynolds-Zahl trat jetzt als Maß für die Turbulenzintensität die Größe

$$\frac{\sqrt{\overline{u^2}}}{U},$$

wobei U die mittlere Geschwindigkeit des Luftstroms im Windkanal und u die Geschwindigkeitsfluktuation bedeutet. Die mit Hitzdrahtsonden aus den Geschwindigkeitsfluktuationen in Längs- und Querrichtung (u_1, u_2) bestimmte Korrelationsfunktion

---

[1] Prandtl an Taylor, 23. Dezember 1932. MPGA, Abt. III, Rep. 61, Nr. 1653.

$$R(y) = \frac{\overline{u_1 u_2}}{\sqrt{\overline{u_1^2}}\sqrt{\overline{u_2^2}}}$$

lieferte als „charakteristische Länge" der Turbulenz $L = \int_0^\infty R(y)\mathrm{d}y$.

Kurz darauf stellte Taylor fest, dass aus den Korrelationen nicht nur die charakteristische Größe der Turbulenzelemente bestimmt werden konnte, sondern auch ihre spektrale Verteilung. Wenn die Geschwindigkeit des Luftstroms, mit dem die turbulenten Verwirbelungen durch die Messkammer im Windkanal strömten, viel größer als die turbulenten Geschwindigkeitsfluktuationen war, durfte man annehmen, dass die Geschwindigkeitsänderungen an einem festen Punkt einfach auf den Durchgang eines unveränderlichen Musters turbulenter Bewegung zurückzuführen ist („that the sequence of changes in u at the fixed point are simply due to the passage of an unchanging pattern of turbulent motion over the point" (Taylor 1938, S. 477)). Mithilfe dieser „frozen flow" Hypothese und eines Satzes aus der Theorie der Fouriertransformationen zeigte Taylor, dass ein eindeutiger Zusammenhang zwischen dem Spektrum der zeitlichen Veränderung der Geschwindigkeit an einem festen Punkt im Luftstrom und der Korrelationskurve der Fluktuationen besteht. Spektrum und Korrelationskurve erwiesen sich als gegenseitige Fouriertransformierte. Taylors theoretische Schlussfolgerungen fanden in Turbulenzmessungen an einem Windkanal des National Physical Laboratory eine glänzende Bestätigung (Simmons und Salter 1938).

5.2   Turbulenzmessungen im „Rauhigkeitskanal"

Der bei der Wandreibung erfolgreiche Mischungswegansatz ($\tau = \rho(l\frac{\mathrm{d}U}{\mathrm{d}y})^2$ mit l proportional y) versagte bei der Windkanalturbulenz, wo in einigem Abstand hinter dem turbulenzerzeugenden Gitter im Mittel keine Querströmung vorhanden war ($\frac{\mathrm{d}U}{\mathrm{d}y} = 0$). Um der Windkanalturbulenz beizukommen sei es „unerläßlich, auch das Verhalten der turbulenten Schwankungsvorgänge selbst sowie deren Einfluß auf die Mittelwerte kennen zu lernen". So leitete Reichardt im Jahr 1938 einen Bericht über neue Turbulenzmessungen in Göttingen ein (Reichardt 1938).

Als Experimentiergerät für diese Untersuchungen diente ein zunächst für praktische Aufgaben konstruierter 16 m langer Windkanal mit rechteckiger Messkammer („Rauhigkeitskanal") des Kaiser-Wilhelm-Instituts. An diesem Windkanal hatte Prandtls Doktorand Heinz Motzfeld mit einer Pitot-Sonde die Messungen für seine Promotion über „Die turbulente Strömung an welligen Wänden" durchgeführt – mit Blick auf die Entstehung von Wellen durch einen horizontal über eine Wasserfläche streichenden Wind (Motzfeld 1937). Danach wurde der Luftstrom in der rechteckigen Messkammer des Rauhigkeitskanals zum Gegenstand von Hitzdrahtmessungen. Reichardt erweiterte dazu die früher entwickelte Hitzdrahtsonde, bei der die an *einem* Draht gemessenen Geschwindigkeitsfluktuationen in der Hauptströmungsrichtung registriert wurden, weiter zu einer „Dreidrahtsonde" (Reichardt 1938, S. 406):

Zur Messung von Schwankungskomponenten senkrecht zur Hauptströmungsrichtung ist vom Verfasser eine Sonde mit drei parallelen Hitzdrähten entwickelt worden, deren Anordnung im Schnitt ein gleichschenkliges Dreieck darstellt. [...] Da die Abstände der Hitzdrähte sehr gering sind (sie liegen zwischen 0,12 und 0,14 mm und werden unter dem Mikroskop eingestellt), so kann man, wenigstens in stärkeren Grenzschichten, die Längs- und die Querschwankungen „in einem Punkte" gleichzeitig auf elektrischem Wege messen bzw. registrieren.

Die Dreidrahtsonde wurde zunächst für Schwankungsmessungen in der ausgebildeten turbulenten Strömung eines Kanales eingesetzt. [...] Man hat also in der Kanalströmung eine sichere Kontrolle für die aus den Schwankungen bestimmten Werte der turbulenten Schubspannung und somit auch einen gewissen Anhalt für die Richtigkeit der Meßdaten für die übrigen Schwankungsgrößen.

Die von der Dreidrahtsonde registrierten Stromschwankungen wurden mit einer von Motzfeld ersonnenen elektromechanischen Apparatur in Geschwindigkeitsfluktuationen parallel und senkrecht zur Hauptstromrichtung übersetzt (Motzfeld 1938). Als Ergebnis konnten Reichardt und Motzfeld den Verlauf der turbulenten Geschwindigkeitsfluktuationen in Längs- und Querrichtung sowie die daraus resultierende Korrelationsfunktion in der 1 m breiten und 24 cm hohen Messkammer des Rauhigkeitskanals als Funktion des Wandabstands bestimmen. Sie zogen daraus den Schluss, „dass die Schwankungsgrößen wesentlich kompliziertere Funktionen sind als die Verteilung der mittleren Strömungsgeschwindigkeit, die sich durch eine Logarithmus-Funktion des Wandabstandes darstellen lässt." (Reichardt 1938, Fig. 3) Motzfeld fügte dem noch die spektrale Verteilung der Geschwindigkeitsfluktuationen in Stromrichtung hinzu. Sie zeigte für nicht allzu wandnahe Bereiche (größer als 1 cm) keine Abhängigkeit vom Abstand, sodass sich darin ein deutlicher Unterschied von der Wandturbulenz zur freien Turbulenz manifestierte, wie sie in den Windkanälen am National Bureau of Standards in den USA oder des National Physical Laboratory in England gemessen wurde. Mit Blick auf Letztere stellte Motzfeld fest, dass sie „mit den unseren gut vergleichbar sind." (Motzfeld 1938, S. 365)

Im September 1938 trafen sich die Koryphäen der Turbulenzforschung im Rahmen des Fifth International Congress for Applied Mechanics an der Harvard Universität in Cambridge, Massachusetts, wo Prandtl auf Wunsch der Veranstalter ein Turbulenz-Symposium veranstaltete (Eckert 2017, Abschn. 7.8). Obwohl dabei die Turbulenzforschung in ihrer ganzen Breite erkennbar wurde, standen experimentelle Messungen zur Windkanalturbulenz und statistische Turbulenztheorien im Zentrum des Symposiums. Taylor nannte zuerst die statistische Turbulenztheorie als jüngstes Forschungsgebiet in seinem Überblicksvortrag über „Some Recent Developments in the Study of Turbulence" (Taylor 1939). Kármán beschränkte sich mit seinem Beitrag von vornherein auf „Some remarks on the Statistical Theory of Turbulence" (von Kármán 1939). Drydens Beitrag über „Turbulence Investigations at the National Bureau of Standards" war fast ausschließlich den dort durchgeführten Messungen der Windkanalturbulenz gewidmet (Dryden 1939). Prandtl gab in seinem „Beitrag zum Turbulenz-Symposium" einen Überblick über die jüngsten Göttinger Arbeiten, die er nach den verschiedenen Erscheinungsformen der ausgebildeten Turbulenz unterschied in Wandturbulenz, freie Turbulenz, Turbulenz geschichteter Strömungen und zeitlich

Abb. 5.1 Karl Wieghardt war
bei der Turbulenzforschung im
Zweiten Weltkrieg Prandtls
wichtigster Mitarbeiter.
(Quelle: KWI für
Strömungsforschung, Abb.
Nr. 16, MPGA)

abfallende isotrope Turbulenz. Sein dabei angestrebtes Ziel war es, „Rechenregeln" zu formulieren, die für die verschiedenen Fälle ausgebildeter Turbulenz Gültigkeit behalten. Mit
seinem „Beitrag" machte Prandtl vor allem deutlich, dass er sich diesem Ziel nicht nur mit
bloßen theoretischen Mitteln, sondern auch mit experimentellen Methoden wie den von
Reichardt und Motzfeld verwendeten Schwankungsmessungen annähern wollte (Prandtl
1939).

   In den folgenden Jahren wurde der Rauhigkeitskanal zum Allzweckinstrument für eine
Vielzahl von Turbulenzuntersuchungen. Dabei ging es vorrangig um Kriegsanwendungen.
Der Rauhigkeitskanal sei jetzt „dauernd in Tätigkeit", berichtete Prandtl im Mai 1940 an das
Reichsluftfahrtministerium, „hauptsächlich für Untersuchungen im Auftrage von Flugzeug-
firmen. Das zur Grundlagenforschung gehörige ‚Rauhigkeitsprogramm' ist daher zunächst
zurückgestellt".[2] Prandtl betraute mit diesen Untersuchungen Karl Wieghardt (Abb. 5.1),
der bei ihm 1939 mit einer Doktorarbeit über den aerodynamischen Auftrieb an Rechteck-
flügeln promoviert und sich anschließend mit der von Taylors statistischer Turbulenztheorie
aufgeworfenen Frage beschäftigt hatte, wie der Turbulenzumschlag der Grenzschicht einer
angeströmten Oberfläche von den turbulenten Druckschwankungen des Luftstroms abhängt
(Wieghardt 1940).

---

[2] Prandtl an das Reichsluftfahrtministerium, 25. Mai 1940. AMPG, Abt. I, Rep. 44, Nr. 45.

Um welche Art von Kriegsaufträgen es sich bei den Untersuchungen im Rauhigkeitska-nal handelte, wird am Beispiel eines Berichts über „Erhöhung des turbulenten Reibungs-widerstandes durch Oberflächenstörungen" deutlich. Auftraggeber waren das Oberkom-mando der Kriegsmarine, die Junkers Flugzeug- und Motorenwerke AG in Dessau und die Focke-Wulf-Flugzeugbau GmbH in Bremen. Dabei ging es vorwiegend um „Einzelrau-higkeiten" wie Nietköpfe oder Stosskanten, die für die Windkanaluntersuchung auf einer Testplatte aufgebracht wurden (Wieghardt 1943). Andere Untersuchungen Wieghardts im Rauhigkeitskanal betrafen den Reibungswiderstand von Gummibelägen, die als Tarnkap-pen für U-Boote gegenüber einer Schallortung gedacht waren. Der Auftrag dazu kam vom Vierjahresplan-Institut für Schwingungsforschung an der Technischen Hochschule Berlin, das in großem Umfang Forschungen für die Kriegsmarine durchführte.[3] Im September 1944 lieferte Wieghardt dem Marineobservatorium Greifswald einen Geheimbericht „Über Aus-breitungsvorgänge in turbulenten Reibungsschichten". Tatsächlich handelte es sich um die von einer punkt- oder linienförmigen Quelle ausgehende Verbreitung „von Kampfstoffen oder künstlichem Nebel". Wieghardt machte sich dabei die Analogie zwischen der turbulen-ten Diffusion von Gas und der turbulenten Ausbreitung von Wärme in einer Luftströmung zunutze:[4]

> Da es jedoch messtechnisch einfacher ist, die Temperatur in einem Luftstrom zu messen, statt die Konzentration einer ausgeblasenen Chemikalie, wurde folgende Modellströmung unter-sucht. In der Bodenplatte eines Windkanals wurde eine elektrisch geheizte Drahtspirale ange-bracht und mit einem Thermoelement die Temperaturverteilung hinter dieser Wärmequelle in der Reibungsschicht längs der ebenen Kanalbodenplatte ermittelt.

Auch wenn Prandtl das „zur Grundlagenforschung gehörige ‚Rauhigkeitsprogramm'", wie es mit den Arbeiten von Reichardt und Motzfeld vor dem Krieg begonnen hatte, zugunsten der Auftragsforschung für Militär und Industrie zurückstellte, verlor er das beim Turbulenz-Symposium 1938 formulierte Ziel eines übergreifenden Ansatzes für die Behandlung unter-schiedlicher Formen ausgebildeter Turbulenz nicht aus den Augen.

5.3   Ausbreitungstheorie der Turbulenz

„Verschiedene neuere Beobachtungen", so notierte sich Prandtl am 14. Oktober 1944, „las-sen einen neuen rechnerischen Versuch erwünscht erscheinen." Er gab diesen Notizen die Überschrift „Ausbreitungstheorie der Turbulenz" und datierte seine Fortschritte und Irrwege – offensichtlich in der Erwartung, dass er damit die Theorie der ausgebildeten Turbulenz

---

[3] K. Wieghardt: Zum Reibungswiderstand rauher Platten. Untersuchungen und Mitteilungen Nr. 6612. ZWB.

[4] K. Wieghardt: Über Ausbreitungsvorgänge in turbulenten Reibungsschichten. Geheimbericht für das Marineobservatorium Greifswald, 1. September 1944. APMG, Abt. III, Rep. 76B, Kasten 2. Siehe dazu auch (Schmaltz 2005, S. 326–356).

entscheidend voranbringen würde.[5] Zu den neueren Beobachtungen zählten „z. B. die über die turbulente Reibungsschicht an Platten", wie sie Wieghardt im Rauhigkeitskanal gemacht hatte, aber auch die Befunde über den zeitlichen Zerfall der Windkanalturbulenz hinter einem Gitter, wie sie von Drydens Gruppe am NBS gemessen wurde. „Eine vorhandene Turbulenz, z. B. die isotrope, verzehrt sich mit der Zeit, außerdem breitet sich die nicht isotrope Turbulenz seitlich aus." Er betrachtete die mittlere Geschwindigkeitsfluktuation u' als „Maß für die Turbulenzstärke" und $\frac{\mathrm{D}u'}{\mathrm{d}t}$ als formelhaften Ausdruck für die zeitliche und räumliche Veränderung der Turbulenz. Er unterschied dafür drei Prozesse: „1. Erlahmen", „2. Seitliches Ausbreiten" und „3. Nachschaffen". Damit formulierte er für eine Strömung in der Hauptrichtung x mit der mittleren Geschwindigkeit U die Bilanzgleichung

$$\frac{\mathrm{D}u'}{\mathrm{d}t} = -c_1 \frac{u'^2}{l} + c_2 \frac{\partial}{\partial y}\left(lu'\frac{\partial u'}{\partial y}\right) + c_3 u'\left|\frac{\mathrm{d}U}{\mathrm{d}y}\right|,$$

wobei man l „fürs erste mit dem Mischungsweg" oder der Größe der „gröbsten Turbulenzelemente" identifizieren konnte. c_1, c_2 und c_3 waren dimensionslose Konstanten, die dem jeweiligen Turbulenzfall angepasst sein sollten.

Bei dieser Gleichung handelte es sich noch nicht um eine Energiebilanz. Das änderte sich bei der „II. Fassung" der Ausbreitungstheorie, die Prandtl auf den „31.10.44" datierte. Die Überlegungen seien „von u' auf u'^2 zu übertragen, da $\rho u'^2$ als Energiegröße besser berechtigt, ein Anwachsen und Abnehmen zu formulieren", so begründete er diesen Schritt, der ihm schon in seinem „Beitrag zum Turbulenzsymposium" vorschwebte (Prandtl 1939, S. 340). Damit gelangte er zu einer Gleichung,[6] die er in leicht abgewandelter Form später als „erste Hauptgleichung unserer Aufgabe" bezeichnete (Prandtl und Wieghardt 1945, S. 11 (879)). Prandtl sah seine „Ausbreitungstheorie" damit aber noch nicht als publikationsreif an. Eine „III. Fassung" datierte er mit „26.11.44", wobei ihm offenbar die Rolle des Mischungswegs l bei den verschiedenen Fällen der Turbulenz zu schaffen machte. „Nach Gespräch mit Wieghardt: Für $\overline{u'l}$ wird die Boussinesqsche Austauschgröße ε eingeführt", notierte er sich zum Beispiel am 7. Dezember 1944.[7]

Am 4. Januar 1945 stellte Prandtl seine bis dahin gediehenen Vorstellungen auf dem „Theoretiker-Kolloquium" seines Instituts zur Diskussion.[8] Der Vortrag war die Generalprobe für die Präsentation der Theorie vor der Göttinger Akademie der Wissenschaften am 26. Januar 1945 (Prandtl und Wieghardt 1945). Prandtls Notizen zeigen aber auch, dass er mit dieser Publikation die selbst gestellte Aufgabe nicht für erledigt betrachtete. Drei Tage nach der Einreichung seiner Akademiearbeit brachte er eine Überlegung über die

---

[5] Das Manuskript umfasst mehr als 65 nummerierte Blätter und erstreckt sich auf einen Zeitraum vom 14. Oktober 1944 bis 30. Juli 1945. GOAR 3727. Siehe dazu auch (Rotta 2000, S. 107–112 und Bodenschatz und Eckert 2011, S. 78–87).

[6] Blatt 9, GOAR 3727.

[7] Blatt 15 bis 22, GOAR 3727.

[8] Blatt 41 sowie nicht nummerierte Manuskriptblätter über „Vortrag im Theoretiker-Kolloquium 4.1.45", GOAR 3727.

„Einbeziehung der Zähigkeit" zu Papier, die er in seiner „Ausbreitungstheorie der Turbulenz"
bislang vernachlässigt hatte. Da die ausgebildete Turbulenz mit hohen Reynolds-Zahlen
einher ging, erschien diese Vernachlässigung plausibel. Aber mit Blick auf die Energiebilanz war auch klar, dass die kinetische Energie turbulenter Bewegung auf kleinster Skala
in Wärme umgewandelt wird. Prandtl hatte einige Wochen zuvor versucht, dem mit einem
Kaskadenprozess Rechnung zu tragen, war damit aber nicht zu einer befriedigenden Lösung
gekommen. Nun skizzierte er eine „Vereinfachung" seiner früheren Betrachtung:[9]

> Die laminar vernichteten Energiebeträge werden bei allen Stufen bis zur vorletzten einschließ-
> lich als vernachlässigbar angesehen. Dann wandert der gesamte Energiestrom der turbulenten
> Bewegung bis zur letzten Stufe durch und wird hier durch Zähigkeit in Wärme umgewandelt.

Damit konnte er die „charakteristische Länge der letzten Stufe" λ und die „Geschwindigkeit der letzten Stufe" u' als Funktion der Zähigkeit ν und der charakteristischen Größen
der Ausgangsstufe (l, u) darstellen. Mit der Substitution $\epsilon = u^3/l = u'^3/\lambda = $ Rate der
Energieumwandlung in Wärme ergab sich daraus

$$\lambda = \left(\frac{\nu^3}{\epsilon}\right)^{1/4} \quad \text{und} \quad u' = (\nu\epsilon)^{1/4}.$$

Damit hatte Prandtl die später nach Andrei Nikolajewitsch Kolmogorow benannte Mikro-
skala der Turbulenz angegeben, der sie bereits 1941 im Rahmen einer statistischen Turbulenztheorie abgeleitet hatte, die aber erst nach dem Krieg bekannt wurde (Eckert 2022,
Abschn. 7.5).

5.4   Turbulenzmodelle

Prandtl setzte seine Bemühungen um eine Ausbreitungstheorie der Turbulenz anhand der
Energiebilanz noch mehrere Monate bis über das Kriegsende hinaus fort, verzichtete aber auf
eine Publikation der Ergebnisse. Unmittelbar nach dem Krieg ergab sich keine Möglichkeit
dazu; später dürfte ihm angesichts der weiter fortgeschrittenen Theorien Kolmogorows und
anderer der Aufwand dazu nicht mehr der Mühe wert gewesen sein.

   Nach dem Krieg trat Julius C. Rotta in dem, nun zum Max-Planck-Institut für Strömungsforschung umbenannten Institut Prandtls Erbe als Turbulenztheoretiker an. Er unternahm
als erster den Versuch, der ausgebildeten Turbulenz auf dem von Prandtl eingeschlagenem
Weg beizukommen. Er entwickelte Prandtls Ansatz weiter, indem er alle drei zueinan-
der senkrechten Geschwindigkeitsfluktuationen in die Rechnung einbezog und damit die
Energiebilanz um den Energieaustausch zwischen verschiedenen Geschwindigkeitskomponenten erweiterte (Rotta 1951a, 1951b). In diesem Zusammenhang formulierte er auch das
Schließungsproblem, das mit diesem Ansatz einherging (Rotta 1951a, S. 548):

---

[9] Blatt 45, GOAR 3727, abgedruckt in (Bodenschatz und Eckert 2011, Fig. 2.10).

Die Verfolgung dieses nicht neuen Gedankens führt aber auf kein lösbares Gleichungssystem, da die Zahl der in Form von Korrelationen höheren Grades hinzukommenden Unbekannten größer als die Zahl der erhaltenen Gleichungen ist. Zur weiteren Bearbeitung der erhaltenen Gleichungen bedarf es daher zusätzlicher physikalischer Überlegungen, die in der vorliegenden Arbeit durch halbempirische Ansätze ausgedrückt werden.

Der Versuch, die ausgebildete Turbulenz wie Prandtl und seine Nachfolger in einem Formelsystem auszudrücken, war ohne weitere Annahmen also zum Scheitern verurteilt. Hinzu kommt, dass die dabei aufgestellten Differentialgleichungen nur in besonderen Spezialfällen analytisch lösbar sind. „Die älteren Vorschläge, die um 1950 oder früher veröffentlicht wurden, konnten zunächst keine praktische Bedeutung erlangen, weil die technischen Hilfsmittel zur numerischen Lösung solch komplizierter Differentialgleichungssysteme nicht zur Verfügung standen." So beurteilte Rotta Anfang der 1970er Jahre diese wegen des Schließungsproblems „halbempirischen Berechnungsmethoden". Er deutete aber auch an, dass sie angesichts der „heute verfügbaren Rechenautomaten" vor einer Renaissance standen (Rotta 1972, Abschn. 3.4.2).

Mit der Entwicklung immer leistungsfähigerer Computer wurden die „Turbulenzmodelle", wie die verschiedenen Ansätze zur Berechnung der ausgebildeten Turbulenz seither genannt werden, immer weiter ausdifferenziert. Nach der Klassifikation eines der ersten Lehrbücher für dieses neue Gebiet der Turbulenzforschung unterscheidet man die verschiedenen Turbulenzmodelle nach der Anzahl von Gleichungen, die für die Lösung des Schließungsproblems benutzt werden. „By definition, an n-equation model signifies a model that requires solution of n additional differential transport equations in addition to those expressing conservation of mass, momentum and energy". Prandtls Formelsystem wird danach als „Eingleichungsmodell" klassifiziert (Wilcox 1993, S. 6):

Prandtl (1945) postulated a model in which the eddy viscosity depends upon the kinetic energy of the turbulent fluctuations, k. He proposed a modeled differential equation approximating the exact equation for k. [...] Thus was born the concept of the so-called one-equation model of turbulence.

Nach dieser am Schließungsproblem orientierten Klassifizierung wurden die in Prandls Formelsystem aufscheinenden Konstanten, die empirisch zu den verschiedenen Turbulenzfällen bestimmt werden mussten, zu „closure coefficients". Rottas Weiterentwicklung des Formelsystems von Prandtl wurde als „second-order or second-moment closure" bezeichnet.

Auch wenn Prandtls Formelsystem von 1945 danach als Markstein der Turbulenzmodellierung erscheint, ist dies eine retrospektive Einschätzung. Die Kategorisierung der später entwickelten Turbulenzmodelle nach dem Schließungsproblem (ausgehend von den zeitlich gemittelten Reynolds-Averaged Navier-Stokes equations, RANS equations) rückt die Motivation Prandtls für die Aufstellung seines Formelsystems in ein falsches Licht. Weder sein „Beitrag zum Turbulenz-Symposium" 1938, der als Auftakt für seine Bemühungen von 1944/45 um eine „Ausbreitungstheorie der Turbulenz" angesehen werden kann, noch seine

Akademiepublikation von 1945 enthalten einen expliziten Bezug zum Schließungsproblem. Wie Prandtl selbst im Jahr 1948 bekannte, betrachtete er seinen „Weg zu den hydrodynamischen Theorien" nicht wie ein Mathematiker oder theoretischer Physiker, sondern wie ein der Anschauung verpflichteter Praktiker. „Die Rechnungen über die ausgebildete Turbulenz bauen sich auf empirischen Feststellungen auf" (Prandtl 1948, S. 92). Damit nahm er seinem Mischungswegansatz ebenso wie der Arbeit „Über ein neues Formelsystem der ausgebildeten Turbulenz" von vornherein den Anschein einer mathematischen Theorie, die primär eine Lösung des Schließungsproblems anstrebt.

Teil II

Prandtls Abhandlungen

Aus Ludwig Prandtls Gesammelten Abhandlungen (LPGA) werden die folgenden fünf Abhandlungen zur Grenzschicht- und Turbulenztheorie abgedruckt.

Über Flüssigkeitsbewegung bei sehr kleiner Reibung. In: Verhandlungen des III. Internationalen Mathematiker-Kongresses in Heidelberg vom 8. bis 13. August 1904. Leipzig: Teubner 1905, S. 484–491. (LPGA S. 575–584).

Der Luftwiderstand von Kugeln. In: Nachrichten der Gesellschaft der Wissenschaften zu Göttingen, Mathematisch-physikalische Klasse (1914) S. 177–190. (LPGA S. 597–608).

Über die ausgebildete Turbulenz. In: Verhandlungen des II. Internationalen Kongresses für Technische Mechanik in Zürich vom 12.–17. September 1926. Zürich: Füssli 1927, S. 62–75. (LPGA S. 736–751).

Neuere Ergebnisse der Turbulenzforschung. In: Zeitschrift des Vereines Deutscher Ingenieure Bd. 77 (1933) S. 105–114. (LPGA S. 819–845).

Über ein neues Formelsystem für die ausgebildete Turbulenz (mit Karl Wieghardt). In: Nachrichten der Akademie der Wissenschaften zu Göttingen, Mathematisch-physikalische Klasse (1945), S. 6–19. (LPGA S. 874–887).

Die Abhandlungen

Ludwig Prandtl

Ludwig Prandtl ist verstorben.

L. Prandtl
München, Deutschland

© Der/die Autor(en), exklusiv lizenziert an Springer-Verlag GmbH, DE, ein Teil von
Springer Nature 2023
M. Eckert (Hrsg.), *Ludwig Prandtl und die moderne Strömungsforschung,* Klassische Texte
der Wissenschaft, https://doi.org/10.1007/978-3-662-67462-8_6

Verhandlungen des III. Internationalen Mathematiker-Kongresses, Heidelberg
1904, S. 484—491. Leipzig: Teubner 1905

Über Flüssigkeitsbewegung bei sehr kleiner Reibung

In der klassischen Hydrodynamik wird vorwiegend die Bewegung
der *reibungslosen* Flüssigkeit behandelt. Von der *reibenden Flüssigkeit*
besitzt man die Differentialgleichung der Bewegung, deren Ansatz durch
physikalische Beobachtungen wohl bestätigt ist. An Lösungen dieser
Differentialgleichung hat man außer eindimensionalen Problemen, wie
sie u. a. von LORD RAYLEIGH[1] gegeben wurden, nur solche, bei denen
die Trägheit der Flüssigkeit vernachlässigt ist oder wenigstens keine
Rolle spielt. Das zwei- und dreidimensionale Problem mit Berücksichtigung von Reibung *und* Trägheit harrt noch der Lösung. Der
Grund hierfür liegt wohl in den unangenehmen Eigenschaften der
Differentialgleichung. Diese lautet in GIBBSscher Vektorsymbolik[2]

$$\varrho \left(\frac{\partial v}{\partial t} + v \circ \nabla v \right) + \nabla (V + p) = k \nabla^2 v \tag{1}$$

(v Geschwindigkeit, ϱ Dichte, V Kräftefunktion, p Druck, k Reibungskonstante); dazu kommt noch die Kontinuitätsgleichung: für inkom-
pressible Flüssigkeiten, die hier allein behandelt werden sollen, wird
einfach

$$\operatorname{div} v = 0.$$

Der Differentialgleichung ist leicht zu entnehmen, daß bei genügend
langsamen und auch langsam veränderten Bewegungen der Faktor
von ϱ gegenüber den anderen Gliedern beliebig klein wird, so daß hier
mit genügender Annäherung der Einfluß der Trägheit vernachlässigt
werden darf. Umgekehrt wird bei genügend rascher Bewegung das in v
quadratische Glied $v \circ \nabla v$ (Änderung der Geschwindigkeit infolge Orts-
wechsels) groß genug, um die Reibungswirkung $k \nabla^2 v$ als ganz neben-
sächlich erscheinen zu lassen. In den in der Technik in Frage kommenden
Fällen von Flüssigkeitsbewegungen trifft letzteres fast immer zu. Es

---

[1] Proc. Lond. Math. Soc. 11, S. 57 = Papers I, S. 474f.
[2] $a \circ b$ skalares Produkt, $a \times b$ Vektorprodukt, ∇ HAMILTONscher Differen-
tiator $\left(\nabla = \mathfrak{i} \frac{\partial}{\partial x} + \mathfrak{j} \frac{\partial}{\partial y} + \mathfrak{k} \frac{\partial}{\partial z} \right)$.

liegt also hier nahe, einfach die Gleichung der reibungslosen Flüssigkeit zu benutzen. Man weiß indessen, daß die bekannten Lösungen dieser
Gleichung meist sehr schlecht mit der Erfahrung übereinstimmen; ich
erinnere nur an die DIRICHLETsche Kugel, die sich nach der Theorie
widerstandslos bewegen soll.

Ich habe mir nun die Aufgabe gestellt, systematisch die Bewegungs-
gesetze einer Flüssigkeit zu durchforschen, *deren Reibung als sehr klein
angenommen wird*. Die Reibung soll so klein sein, daß sie überall vernachlässigt werden darf, wo nicht etwa große Geschwindigkeitsunterschiede auftreten oder eine akkumulierende Wirkung der Reibung
stattfindet. Dieser Plan hat sich als sehr fruchtbar erwiesen, indem man
einerseits auf mathematische Formulierungen kommt, die eine Bewältigung der Probleme ermöglichen, andererseits die Übereinstimmung
mit der Beobachtung sehr befriedigend zu werden verspricht. Um eines
gleich hier zu erwähnen: wenn man, z. B. bei der stationären Bewegung
um eine Kugel herum, von der Bewegung mit Reibung zur Grenze der
Reibungslosigkeit übergeht, so erhält man etwas ganz anderes als die
DIRICHLET-Bewegung. Die DIRICHLET-Bewegung ist nur mehr ein An-
fangszustand, der alsbald durch die Wirkung einer auch noch so kleinen
Reibung gestört wird.

Ich gehe nun zu den Einzelfragen über. Die Kraft auf den Einheits-
würfel, welche von der Reibung herrührt, ist

$$K = k \nabla^2 v; \tag{2}$$

bezeichnet man mit $w = \frac{1}{2} \operatorname{rot} v$ den Wirbel, so ist nach einer bekannten vektor-analytischen Umformung unter Berücksichtigung, daß
$\operatorname{div} v = 0$ ist: $K = -2k \operatorname{rot} w$. Hieraus ergibt sich ohne weiteres, daß
für $w = 0$ auch $K = 0$ wird, d. h. daß auch bei beliebig starker Reibung
die wirbelfreie Bewegung eine mögliche Bewegung darstellt; wenn sie
trotzdem sich in gewissen Fällen nicht erhält, so liegt das daran, daß
sich vom Rand her wirbelnde Flüssigkeit in die wirbelfreie hineinschiebt.

Bei einer beliebigen periodischen oder zyklischen Bewegung kann
sich bei längerer Dauer die Wirkung der Reibung, auch wenn sie sehr
klein ist, anhäufen.

Man muß daher für den Beharrungszustand verlangen, daß die Arbeit
von K, also das Linienintegral $\int K \circ d s$ längs jeder Stromlinie bei
zyklischen Bewegungen für einen vollen Zyklus gleich Null wird; bei
nach dem Ort periodischen Strömungen hat man für die Periode:

$$\int\limits^{P} K \circ ds = (V_2 + p_2) - (V_1 + p_1).$$

Bei zweidimensionalen Bewegungen, bei denen eine Stromfunktion ψ^1 existiert, läßt sich hieraus mit Hilfe der HELMHOLTZschen

---
[1] Vgl. Enzyklop. math. Wiss. IV, 14, 7.

Über Flüssigkeitsbewegung bei sehr kleiner Reibung   577

Wirbelgesetze eine allgemeine Aussage über die Verteilung des Wirbels herleiten. Bei der ebenen Bewegung erhält man[1]

$$- \frac{dw}{d\psi} = \frac{(V_2 + p_2) - (V_1 + p_1)}{2k \int\limits^r v \circ ds} \, ;$$

bei geschlossenen Stromlinien wird dies gleich Null; also ergibt sich hier das einfache Resultat, daß innerhalb eines Gebietes von geschlossenen Stromlinien der Wirbel einen konstanten Wert annimmt.

Bei axialsymmetrischen Bewegungen mit Strömung in Meridianebenen wird für geschlossene Stromlinien der Wirbel proportional dem Radius: $w = c\,r$; dies ergibt eine Kraft $K = 4k\,c$ in Richtung der Achse.

Die bei weitem wichtigste Frage des Problems ist das Verhalten der Flüssigkeit an den Wänden der festen Körper. Den physikalischen Vorgängen in der Grenzschicht zwischen Flüssigkeit und festem Körper wird man in genügender Weise gerecht, wenn man annimmt, daß die Flüssigkeit an den Wänden hafte, daß also dort die Geschwindigkeit überall gleich Null bzw. gleich der Körpergeschwindigkeit sei. Ist nun die Reibung sehr klein und der Weg der Flüssigkeit längs der Wand nicht allzulang, so wird schon in nächster Nähe der Wand die Geschwindigkeit ihren normalen Wert haben. In der schmalen Übergangsschicht ergeben dann die schroffen Geschwindigkeitsunterschiede trotz der kleinen Reibungskonstanten merkliche Wirkungen.

Man behandelt dieses Problem am besten, indem man in der allgemeinen Differentialgleichung planmäßige Vernachlässigungen vornimmt. Nimmt man k als klein von der zweiten Ordnung, so wird die Dicke der Übergangsschicht klein von der ersten Ordnung, ebenso die Normalkomponente der Geschwindigkeit. Die Querunterschiede des Druckes können vernachlässigt werden, ebenso eine etwaige Krümmung der Stromlinien. Die Druckverteilung wird unserer Übergangsschicht von der freien Flüssigkeit aufgeprägt.

Für das ebene Problem, das ich bisher allein behandelt habe, erhält man beim stationären Zustand (X-Richtung tangential, Y-Richtung normal, u und v die entsprechenden Geschwindigkeitskomponenten) die Differentialgleichung

$$\varrho \left(u \frac{\partial u}{\partial x} + v \frac{\partial u}{\partial y} \right) + \frac{dp}{dx} = k \frac{\partial^2 u}{\partial y^2} \, ;$$

---

[1] Nach HELMHOLTZ ist der Wirbel eines Teilchens dauernd dessen Länge in der Richtung der Wirbelachse proportional; also ist bei der stationären ebenen Bewegung auf jeder Stromlinie ($\psi =$ konst.) w konstant, also $w = f(\psi)$; hiermit wird

$$\int K \circ ds = 2k \int \mathrm{rot}\, w \circ ds = 2k\, f'(\psi) \int \mathrm{rot}\, \psi \circ ds = 2k\, f'(\psi) \int v \circ ds.$$

578   Grenzschichten und Widerstand

dazu kommt noch

$$\frac{\partial u}{\partial x} + \frac{\partial v}{\partial y} = 0.$$

Ist, wie gewöhnlich, dp/dx durchaus gegeben, ferner für den Anfangs-
querschnitt der Verlauf von u, so läßt sich jede derartige Aufgabe
numerisch bewältigen, indem man durch Quadraturen aus jedem u das
zugehörige $\partial u/\partial x$ gewinnen kann; damit kann man mit Hilfe eines der bekannten Näherungsverfahren[1] immer wieder

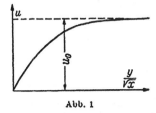

Abb. 1

um einen Schritt in der X-Richtung weiter-
kommen. Eine Schwierigkeit besteht dabei
allerdings in verschiedenen am festen Rand
auftretenden Singularitäten. Der einfachste
Fall der hier behandelten Bewegungszustände
ist der, daß das Wasser an einer ebenen
dünnen Platte entlangströmt. Hier ist eine
Reduktion der Variablen möglich; man kann

$u = f\!\left(\dfrac{y}{\sqrt{x}}\right)$ setzen. Durch numerische Auflösung der entstehenden Differentialgleichung kommt man auf eine Formel für den Widerstand

$$R = 1{,}1 \cdots b \sqrt{k \varrho\, l\, u_0^3}$$

(b Breite, l Länge der Platte, u_0 Geschwindigkeit des ungestörten Wassers
gegenüber der Platte). Den Verlauf von u gibt Abb. 1.

Das für die Anwendung wichtigste Ergebnis dieser Untersuchungen
ist aber das, daß sich in bestimmten Fällen an einer durch die äußeren

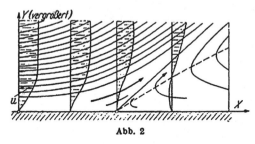

Abb. 2

Bedingungen vollständig gegebenen Stelle *der Flüssig-*
keitsstrom von der Wand ab-
löst (vgl. Abb. 2). Es schiebt
sich also eine Flüssigkeitsschicht, die durch die Reibung an der Wand in Rota-
tion versetzt ist, in die freie
Flüssigkeit hinaus und spielt
dort, eine völlige Umgestal-

tung der Bewegung bewirkend, dieselbe Rolle wie die HELMHOLTZschen
Trennungsschichten. Bei einer Veränderung der Reibungskonstanten k
ändert sich lediglich die Dicke der Wirbelschicht (sie ist der Größe
$\sqrt{\dfrac{k\,l}{\varrho\,u}}$ proportional), alles übrige bleibt unverändert; man kann also,
wenn man will, zur Grenze $k = 0$ übergehen und behält immer noch die-
selbe Strömungsfigur.

---

[1] Vgl. z. B. Z. Math. Phys. Bd. 46, S. 435 (KUTTA).

Über Flüssigkeitsbewegung bei sehr kleiner Reibung   579

Wie eine nähere Diskussion ergibt, ist die notwendige Bedingung für das Ablösen des Strahles die, daß längs der Wand in der Richtung der Strömung eine Drucksteigerung vorhanden ist. Welche Größe diese Drucksteigerung in bestimmten Fällen haben muß, kann erst aus der noch vorzunehmenden numerischen Auswertung des Problems entnommen werden. Als einen plausiblen Grund für das Ablösen der Strömung kann man angeben, daß bei einer Drucksteigerung die freie Flüssigkeit ihre kinetische Energie zum Teil in potentielle umsetzt. Die Übergangsschichten haben aber einen großen Teil ihrer kinetischen Energie eingebüßt; sie besitzen nicht mehr genug, um in das Gebiet höheren Druckes einzudringen, und werden daher diesem seitlich ausweichen.

Nach dem Vorhergehenden zerfällt also die Behandlung eines bestimmten Strömungsvorganges in zwei miteinander in Wechselwirkung stehende Teile: einerseits hat man die *freie Flüssigkeit*, die als reibungslos nach den HELMHOLTZschen Wirbelgesetzen behandelt werden kann, andererseits die Übergangsschichten an den festen Grenzen, deren Bewegung durch die freie Flüssigkeit geregelt wird, die aber ihrerseits durch die Aussendung von Wirbelschichten der freien Bewegung das charakteristische Gepräge geben.

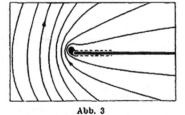

Abb. 3

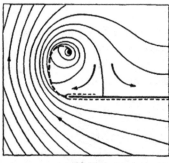

Abb. 4

Ich habe versucht, in ein paar Fällen den Vorgang durch Zeichnen der Stromlinien näher zu verfolgen; die Ergebnisse machen indes auf quantitative Richtigkeit keinen Anspruch. Soweit die Bewegung wirbelfrei ist, benutzt man mit Vorteil beim Zeichnen den Umstand, daß die Stromlinien mit den Linien konstanten Geschwindigkeitspotentials ein quadratisches Kurvennetz bilden.

Abb. 3 und 4 zeigen den Beginn der Bewegung um eine in die Strömung hineinragende Wand in zwei Stadien. Die wirbelfreie Anfangsbewegung wird durch eine von der Kante des Hindernisses ausgehende und sich spiralig aufwickelnde Trennungsschicht (gestrichelt) rasch umgestaltet; der Wirbel rückt immer weiter ab und läßt hinter der zum Schluß stationären Trennungsschicht ruhendes Wasser zurück.

Wie sich der analoge Vorgang bei einem Kreiszylinder abspielt, ist aus Abb. 5 und 6 zu ersehen; die von der Reibung in Rotation versetzten

37*

580   Grenzschichten und Widerstand

Flüssigkeitsschichten sind wieder durch Strichelung kenntlich gemacht.
Die Trennungsflächen erstrecken sich auch hier im Beharrungszustand
ins Unendliche. All diese Trennungsflächen sind bekanntlich labil; ist
eine kleine sinusförmige Störung vorhanden, so entstehen Bewegungen,

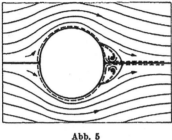

Abb. 5

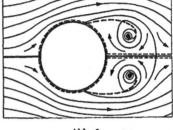

Abb. 6

wie sie in Abb. 7 und 8 dargestellt sind. Man sieht, wie sich durch das
Ineinandergreifen der Flüssigkeitsströme deutlich gesonderte Wirbel aus-
bilden. Die Wirbelschicht wird im Inneren dieser Wirbel aufgerollt, wie
in Abb. 9 angedeutet ist. Die Linien
dieser Abbildung sind keine Stromlinien, sondern solche, wie sie etwa
durch Beigabe von gefärbter Flüssigkeit erhalten würden.

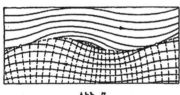

Abb. 7

Ich will nun noch kurz von Versuchen berichten, die ich zum Vergleich mit der Theorie unternommen
habe. Der Versuchsapparat (in Abbildung 10 in Aufriß und Grundriß
dargestellt) besteht aus einer $1\frac{1}{2}$ m
langen Wanne mit einem Zwischen-
boden. Das Wasser wird durch ein
Schaufelrad in Umlauf versetzt und
tritt, durch einen Leitapparat a und
vier Siebe b geordnet und beruhigt,
ziemlich wirbelfrei in den Oberlauf

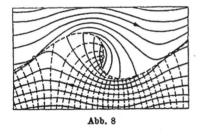

Abb. 8

ein; bei c wird das zu untersuchende Objekt eingesetzt. Im Wasser
ist ein aus feinen glänzenden Blättchen bestehendes Mineral (Eisen-
glimmer) suspendiert; dadurch treten alle einigermaßen deformierten
Stellen des Wassers, also besonders alle Wirbel durch einen eigentümlichen Glanz hervor, der durch die Orientierung der dort befindlichen
Blättchen hervorgerufen wird.

Die auf S. 582/83 zusammengestellten Photogramme sind auf diese
Weise erhalten. Bei allen geht die Strömung von links nach rechts.

Über Flüssigkeitsbewegung bei sehr kleiner Reibung   581

Nr. 1 bis 4 behandelt die Bewegung an einer in die Strömung hinein-
ragenden Wand. Man erkennt die Trennungsfläche, die von der Kante
ausgeht; sie ist in 1 noch sehr klein, in 2 bereits mit starken Störungen
überdeckt, in 3 reicht der Wirbel über das ganze Bild, 4 zeigt den
„Beharrungszustand"; man bemerkt
auch oberhalb der Wand eine Störung; da in der Ecke infolge der
Stauung des Wasserstromes ein
höherer Druck herrscht, löst sich
(vgl. S. 580) mit der Zeit auch hier
der Flüssigkeitsstrom von der Wand

Abb. 9

ab. Die verschiedenen, im „wirbelfreien" Teil der Strömung sichtbaren
Streifen (besonders in Nr. 1 und 2) rühren davon her, daß beim Beginn
der Bewegung die Flüssigkeit nicht völlig ruhig war. Nr. 5 und 6 gibt
die Strömung um ein kreisförmig gebogenes Hindernis, oder, wenn man
will, durch einen stetig verengten und wieder erweiterten Kanal. Nr. 5

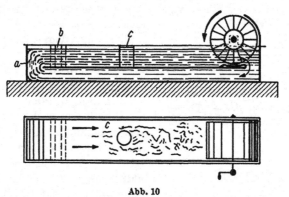

Abb. 10

zeigt ein Stadium kurz nach Beginn der Bewegung. Die eine Trennungsfläche ist zu einer Spirale aufgewunden, die andere langgestreckt und in
sehr regelmäßige Wirbel zerfallen. Auf der konvexen Seite nahe am
rechten Ende bemerkt man den Beginn einer sich ablösenden Strömung;
Nr. 6 zeigt den Beharrungszustand, bei dem sich die Strömung ungefähr
in engstem Querschnitt ablöst.

Nr. 7 bis 10 zeigt die Strömung um ein kreiszylindrisches Hindernis
(einen Pfahl). Nr. 7 zeigt den Beginn der Ablösung, 8 und 9 weitere
Stadien; zwischen den beiden Wirbeln ist ein Strich sichtbar, dieser
besteht aus Wasser, das vor Beginn der Ablösung der Übergangsschicht
angehört hatte. Nr. 10 zeigt den Beharrungszustand. Der Schweif von
wirbelndem Wasser hinter dem Zylinder pendelt hin und her, daher die
unsymmetrische Augenblicksgestalt. Der Zylinder enthält einen längs

37 a

582   Grenzschichten und Widerstand

Tafel

1

2

3

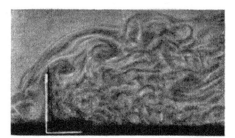

4

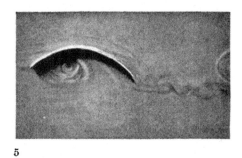

5

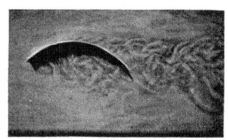

6

Über Flüssigkeitsbewegung bei sehr kleiner Reibung   583

Tafel (Fortsetzung)

7   8

9   10

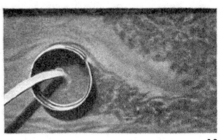

11   12

584   Grenzschichten und Widerstand

einer Erzeugenden verlaufenden Spalt; stellt man diesen so wie in
Nr. 11 und 12 und saugt mit einem Schlauch Wasser aus dem Zylinder-
inneren ab, so kann man die Übergangsschicht einer Seite abfangen.
Wenn sie fehlt, muß auch ihre Wirkung, die Ablösung, ausbleiben. In
Nr. 11, das zeitlich Nr. 9 entspricht, sieht man nur einen Wirbel und
den Strich. In Nr. 12 (Beharrungszustand) schließt sich, obwohl, wie
man sieht, nur ein verschwindender Teil des Wassers ins Innere des
Zylinders tritt, die Strömung bis zum Schlitz eng an die Wand des
Zylinders an; dafür hat sich aber jetzt an der ebenen Außenwand der
Wanne eine Trennungsfläche gebildet (eine erste Andeutung dieser Erscheinung ist bereits in 11 zu sehen). Da in der sich erweiternden Durch-
flußöffnung die Geschwindigkeit abnehmen muß und daher der Druck
steigt[1], sind die Bedingungen für ein Ablösen der Strömung von der
Wand gegeben, so daß auch diese auffallende Erscheinung in der vor-
getragenen Theorie ihre Begründung erhält.

---

[1] Es ist $\frac{1}{2} \varrho v^2 + V + p = $ konst. auf jeder Stromlinie.

Nachrichten der Gesellschaft der Wissenschaften zu Göttingen, Mathematisch-physikalische Klasse (1914) S. 177—190

Der Luftwiderstand von Kugeln

(Vorgelegt von C. RUNGE in der Sitzung vom 28. März 1914)

1. Ein Vergleich der Luftwiderstandsziffern des EIFFELschen Laboratoriums in Paris[1] mit denen, die in der Göttinger Modellversuchsanstalt gewonnen waren[2], zeigte — bei befriedigender Übereinstimmung in allen übrigen Fällen[3] — eine ganz auffällige Abweichung der für die Kugel erhaltenen Werte. Die Widerstandsziffer ψ, definiert durch die Formel

$$W = \psi F \varrho v^2$$

(wo $F = \pi r^2$ die Flächenausdehnung senkrecht zur Bewegungsrichtung, ϱ die Luftdichte, v die Geschwindigkeit und W der Widerstand ist), war in Göttingen zu 0,22 ermittelt worden, während EIFFEL 0,088 angibt[4]. Um diesen Widerspruch aufzuklären, unternahm Herr EIFFEL[5] Versuche an drei Kugeln von 16,2, 24,4 und 33 cm Durchmesser, die übereinstimmend das Ergebnis lieferten, daß der Widerstandskoeffizient von einem höheren Wert bei kleineren Geschwindigkeiten auf einen wesentlich niedrigeren bei größeren Geschwindigkeiten herabgeht. Das Übergangsgebiet ist dabei so schmal, daß auch der Widerstand W selbst innerhalb eines kurzen Geschwindigkeitsbereiches bei zunehmender Geschwindigkeit abnimmt. Das kritische Geschwindigkeitsgebiet lag um so niedriger, je größer der Kugeldurchmesser war.

Da die Göttinger Messungen bei Geschwindigkeiten von 4 bis 8 m/sec gemacht waren, die EIFFELschen aber bei Geschwindigkeiten bis zu 30 m/sec, war der Widerspruch der ursprünglichen Werte durch die EIFFELsche Entdeckung vollständig aufgeklärt; der EIFFELsche Widerstandswert für kleinere Geschwindigkeiten stimmt mit den Göttinger

---

[1] Vgl. etwa: La résistance de l'air et l'aviation von G. EIFFEL, Paris 1910; oder die deutsche Übersetzung: Der Luftwiderstand und der Flug, von FR. HUTH, Berlin 1912.

[2] Veröffentlicht in den „Mitteilungen der Göttinger Modellversuchsanstalt" in der Z. Flugtechn. Motorl. 1910—13, sowie im Jb. der Motorluftschiff-Studienanstalt 1910/11 und 1911/12.

[3] Siehe O. FÖPPL, Ergebnisse der aerodynamischen Versuchsanstalt von EIFFEL, verglichen mit den Göttinger Resultaten. Z. Flugtechn. Motorl. 1912, S. 118.

[4] a. a. O. S. 76 (79). EIFFEL gibt den Wert $\psi \varrho_{15} = 0{,}011 \; \dfrac{\text{kg sec}^2}{\text{m}^4}$, wobei $\varrho_{15} = 0{,}125 \dfrac{\text{kg sec}^2}{\text{m}^4}$ die „Normaldichte" für 760 mm Barometer und 15°C ist.

[5] G. EIFFEL, Sur la résistance des sphères dans l'air en mouvement. C. R. 155 (1912) S. 1597 = L'Aérophile 1913, S. 31.

598   Grenzschichten und Widerstand

Messungen gut überein. Das ganze Ergebnis war jedoch zunächst höchst
befremdlich, denn es versetzte der bis dahin als völlig gesichert geltenden
Anschauung von der angenäherten Gültigkeit des quadratischen Luft-
widerstandsgesetzes einen argen Stoß. Der ganze Gedanke der Modellversuche, der auf dieses Gesetz gegründet war, schien ins Wanken
kommen zu müssen. An der Richtigkeit der Tatsachen war dabei kein
Zweifel möglich, um so mehr, als kurz vorher die italienische Militär-
Versuchsanstalt in Rom[1] ganz entsprechende Resultate über den Widerstand von Kugeln im Wasser erhalten hatte, und ferner fast gleichzeitig mit EIFFEL im aerotechnischen Institut von St. Cyr[2] bei Luft-
widerstandsversuchen an acht Kugeln verschiedenen Durchmessers dieselben Gesetzmäßigkeiten gefunden wurden. Den beiden Werten der
Widerstandsziffer entsprechen natürlich verschiedene Strömungsformen.
EIFFEL hat das Vorhandensein dieses Unterschiedes auch nachgewiesen.

2. Von Seiten der Theorie ließ sich zunächst dieses sagen: Wenn
der Umschlag von dem einen Strömungszustand in den anderen einer
durch die Wechselwirkung von Trägheits- und Reibungskräften in der
Flüssigkeit bedingten allgemeinen Gesetzmäßigkeit entsprechen soll,
und nicht etwa durch mehr zufällige Umstände, wie Rauhigkeit der
Kugeloberfläche, Wirbeligkeit des Luftstromes usw. hervorgebracht
wird, so muß das Ähnlichkeitsgesetz für reibende Flüssigkeiten erfüllt
sein, d. h. es muß die Widerstandsziffer eine reine Funktion der REY-
NOLDSschen Zahl sein:

$$\psi = f\left(\frac{v\,d}{v}\right),$$

wo $v = \mu/\varrho$ das kinematische Zähigkeitsmaß, ferner d eine charakteristische Länge im Körper, hier der Kugeldurchmesser, ist. Darauf,
daß dies für die EIFFELschen Ergebnisse einigermaßen zutrifft, hat
LORD RAYLEIGH[3] bereits hingewiesen. Die REYNOLDSsche Zahl, die dem
stärksten Abfall der Widerstandsziffer entspricht, ist etwa $v\,d/v = 130\,000$.
Die Versuche von St. Cyr stehen im großen und ganzen im Einklang
mit den EIFFELschen. Da die REYNOLDSsche Zahl die Größenordnung
des Verhältnisses der Trägheitskräfte zu den Reibungskräften in der
den Körper umgebenden Flüssigkeit mißt, erscheint es zunächst ver-
wunderlich, daß ein von der Wechselwirkung von Reibungs- und Träg-
heitskräften hervorgebrachter Umschlag in den Strömungsformen erst
bei einem so hohen Zahlwert dieses Verhältnisses eintritt, bei dem die

[1] Cap. G. COSTANZI, Alcune esperienze di idrodinamica; Rendiconti delle
esperienze e studi nello stab. di esp. e costr. aeronautiche del genio, II. Jg., Nr. 4,
S. 169, Rom 1912.
[2] CH. MAURAIN, Action d'un courant d'air sur des sphères. Bull. de l'institut
aérotechnique de l'Univ. Paris, III. Bd., 1913, S. 76.
[3] Lord RAYLEIGH, Sur la résistance des sphères dans l'air en mouvement.
C. R. 156 (1913) S. 109.

Der Luftwiderstand von Kugeln   599

Reibungskräfte eine gänzlich untergeordnete Rolle zu spielen scheinen. Dieses Zahlenverhältnis gilt indes nur für die „freie Flüssigkeit", nicht jedoch für jene meist dünne Schicht in der nächsten Nähe der Körperoberfläche, in der sich der Übergang von der Geschwindigkeit der freien Strömung auf die Geschwindigkeit Null an der Oberfläche des Körpers vollzieht[1]. In dieser „Grenzschicht" (sowie in den von ihr ausgesandten „Wirbelschichten") sind die Reibungskräfte von gleicher Größenordnung, wie die Trägheitskräfte, und man kann deshalb mit gewissem Recht vermuten, daß hier die Ausgangsstelle der plötzlichen Widerstandsänderung zu suchen ist. Die Dicke der Grenzschicht läßt sich leicht danach abschätzen, daß ihr Verhältnis zu den Körperabmessungen der Wurzel aus der REYNOLDSschen Zahl umgekehrt proportional ist. Bei der Kugel kann man (für die Stelle des Geschwindigkeitsmaximums) ziemlich genau

$$\frac{\delta}{d} = \sqrt{\frac{\nu}{v\,d}}$$

setzen[2]. Mit

$$\frac{v\,\nu}{d} = 130000 \quad \text{ergibt dies} \quad \frac{\delta}{d} = \frac{1}{360}.$$

3. Für sprungweise Änderungen des Widerstandsgesetzes bei hohen REYNOLDSschen Zahlen gibt es bereits Analoga in der kritischen Geschwindigkeit bei Röhren und bei Platten, die parallel ihrer Ebene bewegt werden. Die kritischen Geschwindigkeiten ergeben sich in den beiden Fällen aus den REYNOLDSschen Zahlen

$$\frac{v\,d}{\nu} = 2000 \quad \text{bzw.} \quad \frac{v\,l}{\nu} = 450000.[3]$$

In beiden Fällen erfolgt der Umschlag dadurch, daß die bei niederen Geschwindigkeiten laminar (d. h. glatt) verlaufende Strömung bei Überschreitung der Grenze turbulent (wirbelig) wird.

Es liegt nahe, bei der Kugel ähnliches anzunehmen. Bei laminarer Strömung bildet sich an einer bestimmten durch den Druckverlauf

---

[1] L. PRANDTL, Über Flüssigkeitsbewegung bei sehr kleiner Reibung. Verhandl. d. international. Mathematiker-Kongr. zu Heidelberg 1904, S. 484, Leipzig 1905. Vgl. ferner H. BLASIUS, Grenzschichten in Flüssigkeiten mit kleiner Reibung. Z. Math. Phys. 1908, S. 1; K. HIEMENZ, Die Grenzschicht an einem in den gleichförmigen Flüssigkeitsstrom eingetauchten Kreiszylinder. Dinglers polytechn. J. Bd. 326 (1911) S. 321.

[2] Zur Definition der Grenzschichtdicke ist hierbei das Geschwindigkeitsprofil durch einen inhaltsgleichen geknickten Linienzug ersetzt worden, bestehend aus einer schrägen Geraden durch den Ursprung und der Asymptote. Die Abszisse des Schnittpunktes beider Linien ergibt die Grenzschichtendicke.

[3] H. BLASIUS, Das Ähnlichkeitsgesetz bei Reibungsvorgängen in Flüssigkeiten. Mitteilungen über Forschungsarbeiten herausgeg. vom Verein Deutscher Ingenieure, H. 131, S. 27. Auszug in der Z. VDI Bd. 56 (1912) S. 639.

600   Grenzschichten und Widerstand

gegebenen Stelle eine Ablösung der Grenzschicht aus; wenn nun die
Grenzschicht vor der Ablösungsstelle wirbelig wird, so wird der schmale
Keil ruhender Luft hinter der Ablösungsstelle (vgl. Abb. 3) weggespült,
und der Luftstrom legt sich wieder an die Kugel an, so daß die Ablösestelle immer weiter nach hinten rückt, bis sie unter den neuen Bedingungen eine neue Gleichgewichtslage gefunden hat; dies hat ein
wesentlich kleineres Wirbelsystem und damit auch einen kleineren
Widerstand zur Folge.

4. Um diese Fragen näher zu prüfen, ließ ich in der jetzt von der
Universität übernommenen Modellversuchsanstalt eine Reihe von Versuchen ausführen, für deren sehr sorgfältige und geschickte Durchführung ich Herrn Dr. C. WIESELSBERGER zu großem Dank verpflichtet
bin.

Um größere Geschwindigkeiten zu haben, als sie bisher zur Verfügung standen, wurde in den Kanal von 1,95 × 1,95 m Querschnitt
eine Düse von 1,03 m Durchmesser eingebaut. Durch diese Querschnitts-
verengung wurde die bisherige Geschwindigkeit von knapp 10 m/sec
auf 23 m/sec gesteigert. Der Luftstrom, der vor dem Durchtritt durch
die Düse schon durch die Beruhigungsvorrichtungen des Versuchskanals gegangen war[1], zeigte beim Verlassen der Düse eine sehr hohe
Gleichförmigkeit und Wirbelfreiheit.

Die Versuchskörper wurden genau wie bei EIFFEL in den freien
Strahl hinter der Düse gebracht. Sie waren an dünnen Drähten auf-
gehängt, von denen einer, der in horizontaler Richtung zur Widerstandswaage[1] führte, mittels eines feinen Häkchens an dem der Strömung
zugekehrten „Pol" der Kugel befestigt war, während die anderen in
zwei vertikalen Ebenen vom „Äquator" und von dem Ende eines im
rückwärtigen Pol der Kugel befestigten Eisenstabes ausgingen und zur
Aufnahme des Eigengewichtes sowie zur Verhinderung von Schwingungen dienten. Die Widerstandswaage wurde bei jedem Körper besonders geeicht (um die Wirkung kleiner Winkelabweichungen und
Längenänderungen in den Aufhängedrähten zu eliminieren). Der Luftwiderstand der Aufhängedrähte wurde besonders ermittelt und in Abzug
gebracht.

Zuerst wurden fünf Kugeln untersucht, die galvanoplastisch aus
Kupfer angefertigt waren. Ihre Durchmesser waren so gewählt, daß
die Querschnittsfläche jeder folgenden Kugel doppelt so groß war, wie
die der vorhergehenden; in rundem Maß waren die Durchmesser 7, 10,
14, 20 und 28 cm. Die Widerstandsziffern, die mit diesen Kugeln bei
Geschwindigkeiten zwischen 5 und 23 m/sec erhalten wurden, sind,

---

[1] Vgl. etwa L. PRANDTL, Die Bedeutung von Modellversuchen für die Luftschiffahrt und Flugtechnik und die Einrichtungen für solche Versuche in Göttingen.
Z. VDI Bd. 53 (1909) S. 1711.

Der Luftwiderstand von Kugeln   601

gleich nach den REYNOLDSschen Zahlen $v\,d/v$ aufgetragen, durch die
stark ausgezogenen Linien der Abb. 1 wiedergegeben. Man erkennt, daß

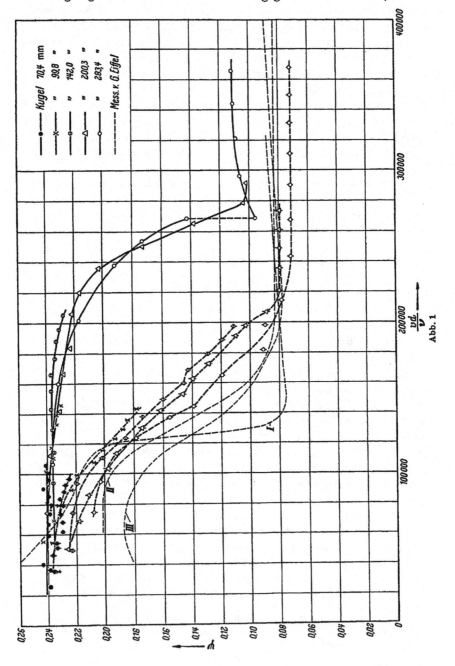

Abb. 1

602   Grenzschichten und Widerstand

die Beziehung $\psi = f\left(\dfrac{v\,d}{v}\right)$ in befriedigender Weise erfüllt ist (die vorhandenen Abweichungen können leicht durch Ungenauigkeiten in der
Kugelform der Versuchskörper erklärt werden, s. Nr. 5). Dagegen fällt
auf, daß die Kurven sich ganz wesentlich von den EIFFELschen unterscheiden, die als dünne gestrichelte Linien eingetragen sind[1], und die
Bezeichnung I, II, III tragen. Die REYNOLDSsche Zahl, die der Stelle
des stärksten Abfalls (bzw. der Mitte des Abfalls) entspricht, ist bei
unseren Versuchen = 260000, also das Doppelte des EIFFELschen Wertes.

Da als Ursachen des Umschlages Turbulentwerden der Grenzschicht
vermutet wurde, war eine Erklärung für diese Abweichung unschwer
zu finden. Die Turbulenz mußte, ganz entsprechend den Beobachtungen
an Röhren, schon bei geringeren Geschwindigkeiten eintreten, wenn in
dem ankommenden Luftstrom bereits Wirbel vorhanden waren. Bei
der EIFFELschen Einrichtung enthält aber die Düse einen „Gleichrichter",
bestehend aus einem Gitter von senkrechten und waagerechten Blech-
streifen, durch den notwendig Wirbel erzeugt werden.

War dies die Ursache der Abweichung, dann mußte ein ähnliches
Hindernis, in die Nähe der Kugel gebracht, die gleiche Wirkung haben.
Es wurde deshalb ein rechteckiger Rahmen so mit 1,0 mm starkem
Bindfaden bespannt, daß ein quadratisches Gitter von 5 cm Maschenweite entstand. Wurde dieses Gitter vor die Düsenmündung geschoben,
so war durchweg eine Verringerung des Widerstandes zu bemerken, die
in einem beträchtlichen Gebiet (zwischen 190000 und 260000) sogar
das Verhältnis 1:2 überschritt! Die mit dem Gitter erhaltenen Versuchs-
werte sind in Abb. 1 durch die stark gestrichelten Linien dargestellt. Sie
liegen ganz in der Nähe der EIFFELschen und damit auch derjenigen
von St. Cyr.

Es mag noch erwähnt werden, daß auch noch andere Einrichtungen
zur Erzeugung turbulenter Strömung, z. B. über Kreuz gestellte dünne
Holzlatten u. a. m. versucht wurden. Die Wirkung war in allen Fällen
ähnlich; die Erniedrigung des Widerstandes schien mit der Stärke der
Störung zu wachsen.

Die Aufnahme solcher Widerstandskurven für Kugeln gibt sonach ein
Mittel an die Hand, die Luftströme der verschiedenen Versuchsanstalten
in Hinsicht auf ihre geringere oder größere Wirbeligkeit miteinander
zu vergleichen[2].

---

[1] Da in der EIFFELschen Veröffentlichung Temperatur und Druck nicht angegeben sind, wurde hierbei nach Gutdünken ein $v = 0,16$ angenommen. Die
Unsicherheit des v ist jedoch nicht sehr bedeutungsvoll.

[2] Als Vergleichsmaßstab könnte man z. B. die REYNOLDSsche Zahl einführen,
bei der der Widerstandskoeffizient einer technisch glatten (mit feinem Schmirgel-
leinen abgeriebenen) Kupferkugel = 0,18 wird.

Der Luftwiderstand von Kugeln   **603**

5. War mit dem Vorstehenden der Nachweis, daß es sich bei dem eigentümlichen Verhalten des Widerstandes von Kugeln um einen Turbulenzeffekt handelt, schon so gut wie geliefert, so schien doch ein richtiges *experimentum crucis* noch erwünscht zu sein. Zu diesem Zweck wurde auf der vorderen (dem Wind zugekehrten) Seite der 28 cm-Kugel, 15 Bogengrade vom Äquator entfernt, ein Drahtreif von 1 mm Stärke befestigt (Abb. 4, *a*). Nach der in Nr. 2 angedeuteten Rechnung war die Grenzschichtdicke bei allen in den Versuchen zur Verwendung kommenden Geschwindigkeiten geringer als 1 mm, der Drahtreif, der etwas vor der Ablösestelle lag, mußte daher durch die an ihm entspringenden Wirbel die Grenzschicht turbulent machen und so die Ablösestelle nach hinten verschieben.

In der Tat wurde, wie die Versuche zeigten, durch den Drahtreif die Widerstandsziffer in dem ganzen Geschwindigkeitsbereich auf 0,085 bis 0,09 erniedrigt, während man aus elementaren Betrachtungen eher eine geringe Erhöhung des Widerstandes (um etwa 0,008 bis 0,01) hätte erwarten mögen. Es hat sich also durch die Hinzunahme des dünnen Drahtreifs das Widerstandsgesetz in ein nahezu quadratisches verwandelt. Man darf jedoch vermuten, daß bei *sehr* kleinen Geschwindigkeiten, wo die Grenzschicht erheblich dicker ist als der Drahtreif, wieder die hohe Widerstandsziffer von 0,24 Platz greift.

Es wurde noch ein zweiter Versuch angestellt, wo im Gegensatz zum ersten der Drahtreif etwas hinter der Ablösestelle der laminaren Grenzschicht, nämlich am Äquator der Kugel befestigt war (Abb. 4, *b*). Bei den kleineren Geschwindigkeiten lag der Draht jetzt im toten Winkel, mußte also wirkungslos bleiben, bei den großen dagegen kam er in die Strömung und mußte ähnlich wirken wie in der ersteren Lage. Ein Blick auf Abb. 2, in der die Kurve *I* die Widerstandsziffern der 28 cm-Kugel ohne Drahtreif, die Kurve *II* die mit Drahtreif unter 15°, *III* die mit Drahtreif am Äquator darstellt, zeigt die Richtigkeit dieses Schlusses. Als eine interessante Besonderheit ist noch zu erwähnen, daß beim Drahtreif am Äquator zwischen 160000 und 200000 zwei Werte des Widerstandes beobachtet wurden, von denen der höhere bei allmählicher Steigerung der Geschwindigkeit von den kleinen Geschwindigkeiten her, der niedere bei allmählicher Erniedrigung von den größeren Geschwindigkeiten her erhalten wurde. Auch dafür ist unschwer die Erklärung zu geben: Wenn die Strömung erst einmal an dem Draht anliegt, so wird sie durch die vom Draht erzeugte Wirbelung auch weiterhin gut anliegen, und es kann jetzt auch die Geschwindigkeit etwas gemäßigt werden, ohne daß die Strömung sich loslöst. Erfolgt dann bei weiterer Erniedrigung der Geschwindigkeit die Ablösung doch, so wird der Draht sofort gänzlich wirkungslos (vgl. Abszisse 160000

604   Grenzschichten und Widerstand

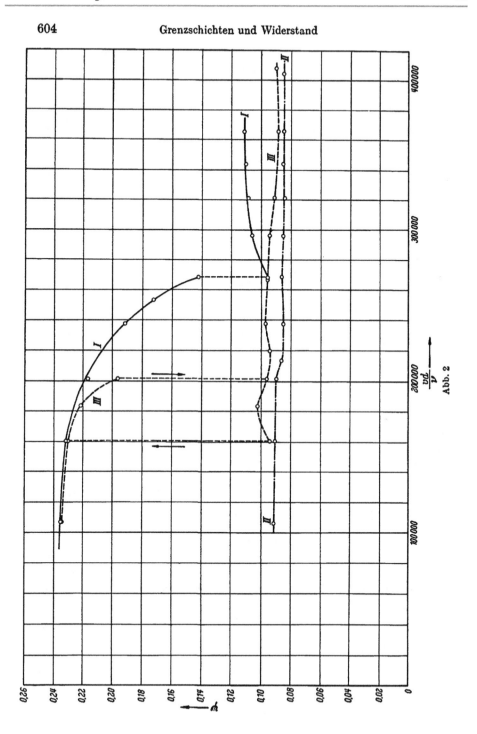

Abb. 2

Der Luftwiderstand von Kugeln   **605**

in Abb. 2), und es bedarf wieder einer endlichen Geschwindigkeits-
steigerung, um den Draht wieder in Wirkung zu bringen.

Eine ähnliche Wirkung wie die aufgelegten Drähte haben natürlich
auch Rauhigkeiten der Oberfläche. Ein vorläufiger Versuch mit einer
mit Stoff überzogenen Kugel zeigte, daß der Umschlag auch hier nach
den kleineren Geschwindigkeiten hin verschoben wird.

6. Die *Strömungsformen* wurden durch Zuleiten von Rauch ebenfalls untersucht. Es zeigte sich, daß den hohen Widerstandswerten eine
Strömung nach Abb. 3 entsprach,
bei der die Strömung sich 5 bis 8°
vor dem Äquator von der Kugel
loslöste. Wenn man den Rauch von
hinten her in den toten Raum hin-
einleitete, war die Ablöselinie, die
langsame wellige Bewegungen zeigte,
scharf zu erkennen (die punktierte
Linie in Abb.3). Dem niederen Widerstandswert entsprach eine Strömung
nach Abb. 4, mit einer um 10 bis
25° hinter dem Äquator liegenden
Ablöselinie, die im übrigen sehr un-
ruhig hin- und herschwankte (punktierte Linie in Abb. 4). Das Über-
gangsstadium scheint dadurch zu-
stande zu kommen, daß die Ablösestelle in unregelmäßigem Wechsel
zungenartig über den Äquator her-
überschlägt. Dem entspricht ein sehr
starkes Schwanken des Widerstandes sowie ein Auftreten von sehr
starken seitlichen Kräften, die die
Kugel in seitliche Schwingungen

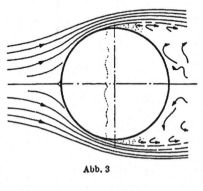

Abb. 3

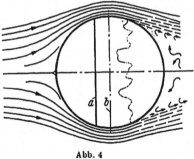

Abb. 4

versetzen, wenn sie nicht sehr gut dagegen gesichert ist. Die Bewegungen in dem Wirbelgebiet hinter der Kugel sind äußerst unregelmäßig,
der dort zugeleitete Rauch wurde so stark nach allen Seiten ausein-
andergerissen, daß kaum eine Strömungsrichtung zu erkennen war. Die
in beide Figuren eingetragenen Pfeile sollen nur die allgemeine Strö-
mungstendenz andeuten.

7. Ist mit dem Vorstehenden das sonderbare Verhalten des Luftwiderstandes von Kugeln in befriedigender Weise aufgeklärt, so bleibt
noch die andere Frage bestehen, inwieweit etwa bei anderen Körpern
ähnliche sprungartige Änderungen des Widerstandsgesetzes vorkommen
mögen, vielleicht in Geschwindigkeitsgebieten, die dem Laboratoriums-

experiment unzugänglich sind. Solche Umstände wären dazu angetan,
die Versuche an Modellen, wie sie jetzt überall ausgeführt werden,
wertlos zu machen, falls sich die Stelle des Umschlages zwischen den
REYNOLDSschen Zahlen der wirklichen Ausführung und denen der
Laboratoriumsversuche befände.

Ich habe deshalb noch eine Reihe von Rotationsellipsoiden von
20 cm Äquatorialdurchmesser (galvanoplastisch aus Kupfer hergestellt)
untersuchen lassen, deren Achsenverhältnis 0,75, 1,33, 1,80 und 3,0
waren. Die Reihe wurde noch vervollständigt durch eine kreisförmige
Platte und ein vorhandenes nahezu ellipsoidförmiges Luftschiffmodell
(etwa einem Ellipsoid mit dem Achsenverhältnis 6 entsprechend).

Die Versuchsergebnisse, die in Abb. 5 zusammengetragen sind, bestätigten die Erwartung, daß bei dem abgeplatteten Ellipsoid die
Umschlagstelle stark nach den großen Geschwindigkeiten, bei den verlängerten stark nach den kleinen Geschwindigkeiten verschoben sein
würde. Denn da für das Turbulentwerden der Grenzschicht im wesentlichen nur das unter ansteigendem Druck verlaufende Stück zwischen
dem Geschwindigkeitsmaximum und der Ablösestelle in Betracht
kommen dürfte, wird es für das Eintreten der Turbulenz hauptsächlich
auf die Länge dieses Stückes ankommen; diese ist aber bei den abgeplatteten Formen sehr klein, bei den verlängerten dagegen verhältnismäßig groß; den großen Längen entsprechen natürlich kleinere kritische
Geschwindigkeiten als den kleinen.

Man sieht aus der Zusammenstellung in Abb. 5, daß bei den gestreckten Formen, also bei den Luftschiffmodellen, in dem zur Verfügung stehenden Geschwindigkeitsbereich nur der turbulente Zustand
beobachtet wird, der sich, wie man annehmen muß, kontinuierlich —
vielleicht mit kleinen Änderungen der Widerstandsziffer — bis zu den
in der großen Ausführung vorkommenden REYNOLDSschen Zahlen
extrapolieren läßt. Der andere Grenzfall ist der der Platte. Hier ist die
Länge des unter ansteigendem Druck verlaufenden Abschnittes der
Grenzschicht zu Null geworden, und man wird deshalb darauf rechnen
müssen, daß hier für alle Geschwindigkeitsbereiche der laminare Zustand, also die großen Widerstandswerte gültig bleiben werden.

Um auch den Einfluß der Turbulenz des Versuchsluftstromes kennenzulernen, ist noch eine Versuchsreihe mit denselben Körpern mit vor-
geschaltetem Bindfadengitter durchgeführt worden. Die Ergebnisse sind
durch die gestrichelten Linien in Abb. 5 zur Darstellung gebracht. Der
allgemeine Charakter der Einwirkung ist wie bei der Kugel eine Verschiebung der Kurven nach kleineren REYNOLDSschen Zahlen; die Einwirkung ist am stärksten bei der Kugel und den ihr benachbarten
Formen. Bei den schlanken Körpern sowohl, bei denen ohnehin schon
Turbulenz vorhanden ist, wie auch bei der Platte, bei der die Ablöse-

Der Luftwiderstand von Kugeln   607

stelle durch die scharfe Kante unverrückbar festgelegt ist, ist der Einfluß
der Turbulenz des Versuchsstromes unmerklich. Bei den länglichen Körpern ist für die größeren Geschwindigkeiten das quadratische Widerstands-

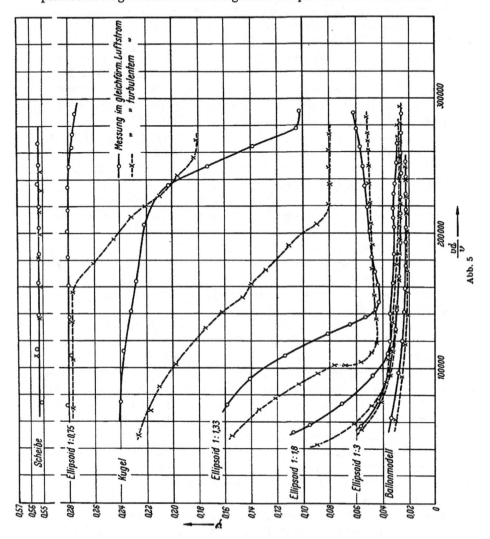

Abb. 5

gesetz hinlänglich genau, bei der Platte dagegen in dem ganzen beobachteten Bereich mit aller in den Versuchen erreichbaren Schärfe erfüllt[1].

---

[1] Nach dem Gesagten eignen sich also ebene, scharfrandige Platten sehr gut
zur Geschwindigkeitsmessung von Luftströmen; Kugeln dagegen, die auch vielfach
hierfür verwendet worden sind, sind in weitem Geschwindigkeitsbereich für diesen
Zweck sehr ungeeignet.

608   Grenzschichten und Widerstand

Was von der Platte gilt, darf wohl ohne weiteres auf alle Fälle
übertragen werden, wo die Ablösungsstellen durch scharfe Kanten festgelegt sind. Bei anderen Körpern, wie z. B. bei Tragflügeln mit überall
sanft gerundetem Profil, wird man vorsichtiger sein müssen; wahr-
scheinlich wird indes auch hier der turbulente Zustand schon beim
Modellversuch erreicht sein; dagegen wird man bei zylindrischen Stangen
von Kreis- oder Ellipsenquerschnitt auf den Umschlag des Widerstandsgesetzes zu achten haben.

Auch bei Kanälen mit nach der Flüssigkeit zu konvex gekrümmten
Wandungen werden ähnliche Erscheinungen häufig zu erwarten sein.
Es mag erwähnt werden, daß von einem meiner Mitarbeiter, Herrn
Dipl.-Ing. R. Kröner bei einem erst verengten und dann wieder er-
weiterten Kanal kürzlich ein Widerstandsgesetz von qualitativ dem-
selben Verlauf, wie bei den Kugeln, gefunden wurde.

Alles in allem läßt sich wohl sagen, daß die durch die Eiffelsche
Entdeckung verursachte Krisis des quadratischen Luftwiderstands-
gesetzes nunmehr, durch Aufdeckung der für die Abweichungen be-
stimmenden Umstände und durch Abgrenzung des Gebietes, in dem
solche Abweichungen zu erwarten sind, im wesentlichen wieder be-
hoben worden ist.

Zusammenfassung

Die von G. Eiffel entdeckte Tatsache, daß die Luftwiderstands-
ziffer von Kugeln bei größerer Geschwindigkeit auf etwa ⅔ ihres Wertes
für kleine Geschwindigkeiten herabsinkt, wird auf Turbulenz der „Grenzschicht" zurückgeführt. Das Bestehen des Reynoldsschen Gesetzes bei
sehr wirbelfreiem Luftstrom wird durch Versuche bestätigt. Durch
Wirbeligkeit des Luftstromes wird die Geschwindigkeitsgrenze für den
Umschlag erheblich erniedrigt. Ein vor der Ablösestelle aufgelegter
dünner Draht erniedrigt den Widerstand bei allen untersuchten Geschwindigkeiten auf den kleineren Wert. Bei Platten sowohl wie bei
sehr länglichen Ellipsoiden ergibt sich genügend genau das quadratische
Gesetz, bei ersteren mit laminarer, bei letzterem mit turbulenter Grenzschicht. Bei Körpern mit stark konvexen Formen (ebenso bei Kanälen
mit konvexen Wänden) muß dagegen mit der Möglichkeit eines Umschlages von dem einen in den anderen Zustand gerechnet werden.

Verhandlungen des II. Internationalen Kongresses für Technische Mechanik 1926,
S. 62—75. Zürich: Füßli 1927.

Über die ausgebildete Turbulenz

M. H. Was ich Ihnen hier über die Gesetzmäßigkeiten der ausgebildeten turbulenten Flüssigkeitsströmung vortragen will, ist, wie
ich gleich sagen möchte, noch weit davon entfernt, etwas Abgeschlos-
senes darzustellen, es handelt sich vielmehr um die ersten Schritte
auf einem neuen Weg, denen, wie ich hoffe, noch mancherlei Schritte
folgen werden.

Die Untersuchungen zur Frage der Turbulenz, die wir seit etwa
fünf Jahren in Göttingen treiben, haben die Hoffnung auf ein tieferes
Verständnis der inneren Vorgänge der turbulenten Flüssigkeitsbewegungen leider sehr klein werden lassen; unsere photographischen
und kinematographischen Aufnahmen zeigten uns nur, wie hoffnungs-
los verwickelt diese Bewegungen selbst im Falle kleinerer REYNOLDS-
scher Zahlen sind. Abb. 1 bis 4[1] zeigt Ihnen Aufnahmen einer
Wasserströmung in einem sehr langen, tiefen, rechteckigen Gerinne,
von oben mit einer auf einem Wagen mitfahrenden Kammer photo-
graphiert. Je nach der Wagengeschwindigkeit ergibt sich ein sehr
verschiedenes Bild, aber alle Bilder sind unangenehm verwickelt.
Kinematographische Aufnahmen derselben Bewegungen werde ich
am Schluß des Vortrages zeigen. Derartige Aufnahmen sind bis jetzt
nur zu statistischen Ermittlungen über die Verteilung des zeitlichen
Mittelwertes der Geschwindigkeit und über die Größe der vorkommenden
Geschwindigkeitsschwankungen benützt worden, sonst haben wir aus
ihnen noch nicht viel lernen können. Das, was ich das „große Problem
der ausgebildeten Turbulenz" nennen möchte, ein inneres Verstehen
und eine quantitative Berechnung der Vorgänge, durch die aus den
vorhandenen Wirbeln trotz ihrer Abdämpfung durch Reibung immer
wieder neue entstehen, und eine Ermittlung derjenigen Durchmischungs-
stärke, die sich in jedem Einzelfall durch den Wettstreit von Neu-
entstehung und Abdämpfung einstellt[2], wird daher wohl noch nicht
so bald gelöst werden.

Es ist aber auch, wenn man auf ein tieferes Verständnis des Mechanismus der Turbulenz verzichtet, immer noch möglich, auf einem durch
Versuche kontrollierten „phänomenologischen" Weg verschiedene Ge-

---

[1] Entnommen aus der Dissertation von J. NIKURADSE, Forschungsarbeiten
VDI, H. 281. — (Anmerkung der Schriftleitung: Siehe hier S. 729 u. 730, Abb. 10—13).

[2] Die rationelle Berechnung des Geschwindigkeitsabfalls in der Nähe einer
glatten Wand und die Ermittlung der Größe der Wandreibung rechne ich mit zu
diesen Aufgaben.

Über die ausgebildete Turbulenz   **737**

setzmäßigkeiten, besonders über die in einer vorgelegten turbulenten Strömung eintretende mittlere Bewegung, theoretisch zu verfolgen; gerade die Angabe der mittleren Geschwindigkeit als Funktion des Ortes ist ja eine technisch besonders wichtige Aufgabe. Der erste Schritt dazu kann so charakterisiert werden, daß die durch die Mischbewegungen hervorgerufenen scheinbaren Reibungskräfte in einer solchen Form dargestellt werden, daß sie in die hydrodynamischen Differentialgleichungen eingesetzt werden können und so Differentialgleichungen für die mittlere Bewegung turbulenter Flüssigkeitsbewegungen liefern.

Diese Aufgabe hatte sich bereits BOUSSINESQ gestellt, auf ihn geht die heute vielfach verwendete Formulierung zurück, bei der eine mit der Zähigkeit μ parallel stehende „Austauschgröße" A [1] eingeführt wird, wobei dann zu den von der Zähigkeit herrührenden Schubspannungen

$$\tau = \mu \frac{\partial u}{\partial y} \quad \text{usw.}$$

die scheinbaren Schubspannungen

$$\tau' = A \frac{\partial \bar{u}}{dy} \quad \text{usw.} \tag{1}$$

hinzutreten ($\bar{u}$ = zeitlicher Mittelwert der Geschwindigkeitskomponente u). Diese Formulierung hat aber den Nachteil, daß der Austausch selbst wieder von der Größe der Geschwindigkeit abhängt, die doch erst gesucht werden soll.

Nach zahlreichen vergeblichen Versuchen ist es mir nun in letzter Zeit gelungen, für die scheinbare Reibung einen Ausdruck zu gewinnen, der, obschon auch nur eine grobe Näherung, doch die wesentlichen Eigenschaften der Strömungen in schwachreibenden Flüssigkeiten recht gut wiedergibt und dabei von dem oben erwähnten Mangel frei ist. Um den Impulsaustausch, der die scheinbare Reibung hervorbringt, zu formulieren, pflegt man nach dem Vorgang von O. REYNOLDS[2] die augenblickliche Geschwindigkeit in zwei Teile zu zerlegen, den zeitlichen Mittelwert und die Schwankung um diesen:

$$u = \bar{u} + u',$$
$$v = \bar{v} + v',$$
$$w = \bar{w} + w'.$$

---

[1] Diese Bezeichnung habe ich der sehr lesenswerten und lehrreichen Schrift „Der Massenaustausch in freier Luft und verwandte Erscheinungen" von Prof. Dr. WILH. SCHMIDT, Wien (Heft VII der „Probleme der kosmischen Physik", Hamburg 1925) entnommen. BOUSSINESQ und nach ihm andere Hydrauliker haben diese Größe mit ε bezeichnet.

[2] O. REYNOLDS, Phil. Trans. Roy. Soc. T. 186A (1895) S. 123 — Sci. Pap. Bd. I, S. 535; vgl. auch H. A. LORENTZ, Abhandlungen über theoretische Physik, Bd. I, S. 43. Leipzig 1907.

738   Turbulenz und Wirbelbildung

Die Schwankungen verursachen dann im Mittel einen scheinbaren
Spannungszustand, dessen Komponenten durch die Impulskomponenten

$$\overline{\varrho\, u'^2}, \qquad \overline{\varrho\, u'v'} \quad \text{usw.}$$

(ϱ = Dichte, Überstreichen als Zeichen der Mittelbildung) gebildet
werden. Diese Ausdrücke sind sehr bekannt, es handelt sich nun aber
darum, für sie eine Form zu gewinnen, in der die mittlere Strömung
(„Grundströmung") $\bar{u}$, $\bar{v}$, $\bar{w}$ auftritt.

Hierbei ist nun die Einführung einer für den Turbulenzzustand
charakteristischen Länge wesentlich, die hier eine ähnliche Rolle spielt,
wie die freie Weglänge in der kinetischen Gastheorie. Man kann sie
als Durchmesser der jeweils gemeinsam bewegten Flüssigkeitsmassen
deuten, aber auch als den Weg, den eine solche Flüssigkeitsmasse
zurücklegt, bevor sie durch Vermischung mit Nachbarmassen ihre
Individualität wieder aufgibt. Man findet unschwer, daß diese beiden
Strecken, wenn die REYNOLDSsche Zahl[1] hinreichend groß ist, sich
nur durch einen konstanten Faktor unterscheiden (Widerstandsarbeit
beim Vordringen in fremde Flüssigkeitsmassen = kinetische Energie
der Masse). Wir wollen diese Länge, der zweiten Bedeutung folgend,
Mischungsweg nennen und mit l bezeichnen. Nimmt man an, daß eine
solche mit Eigenbewegung begabte Flüssigkeitsmasse, die sich in einer
Strömung mit Geschwindigkeitsgefälle quer zur Strömungsrichtung
befindet, eine Geschwindigkeit gleich der mittleren Geschwindigkeit
derjenigen Stelle besitzt, aus der sie stammt, und daß sie sich um den
Mischungsweg l quer zur Strömungsrichtung verschiebt, so wird sich
ihre Geschwindigkeit von der an dem neuen Ort vorhandenen mittleren
Geschwindigkeit unterscheiden, und zwar ist dieser Unterschied, wenn
die mittlere Strömungsrichtung zur X-Achse gewählt wird, in erster
Näherung $= l\frac{\partial \bar{u}}{\partial y}$. Man kann deshalb die durchschnittliche Schwankung u' proportional $l\frac{\partial \bar{u}}{\partial y}$ setzen. Die Querbewegung v' kann man
sich in der Weise entstanden denken, daß zwei Flüssigkeitsmassen
mit verschiedenem u', die sich voreinander befinden, zusammenprallen, oder sich voneinander entfernen. Die auf diese Weise entstehenden Geschwindigkeiten v' können daher proportional u' gesetzt
werden. Die scheinbare Schubspannung $\tau' = \varrho\, \overline{u'v'}$ wird also, wenn
man die Proportionalitätsfaktoren von u' und v' und auch den Kor-
relationsfaktor, der bei der Bildung des Produktmittels hinzutreten
würde, unterdrückt, indem man sie sämtlich auf das ohnehin noch
unbekannte l wirft,

$$\tau' = \varrho\, l^2 \left(\frac{\partial \bar{u}}{\partial y}\right)^2.$$

---

[1] Und zwar die aus Durchmesser der Flüssigkeitsmasse und Relativgeschwindigkeit gebildete REYNOLDSsche Zahl.

Über die ausgebildete Turbulenz   **739**

Berücksichtigt man noch das Vorzeichen, das mit dem von $\partial\bar{u}/\partial y$ wechseln muß, so wird richtiger geschrieben:

$$\tau' = \varrho\, l^2 \left|\frac{\partial\bar{u}}{\partial y}\right|\frac{\partial\bar{u}}{\partial y}. \tag{2}$$

Der Vergleich mit der BOUSSINESQschen Form zeigt, daß Übereinstimmung hergestellt wird, wenn man den Austausch

$$A = \varrho\, l^2 \left|\frac{\partial\bar{u}}{\partial y}\right| \tag{3}$$

schreibt. Diese einfache Formel hat sich für den bei der Ableitung zugrunde gelegten Fall, daß es sich um eine Strömung mit Geschwindigkeitsgefälle quer zur Strömungsrichtung handelt, trotz ihrer offenbaren Unvollkommenheiten recht gut bewährt. Vor allem liefert sie in Übereinstimmung mit den hydraulischen Erfahrungen Widerstände proportional dem Quadrat der Geschwindigkeit, wie man aus ihrem Bau leicht erkennt. Man muß sich aber bei den Resultaten, die mit diesem Ansatz gewonnen werden, vor Augen halten, daß es sich um eine erste grobe Näherung handelt.

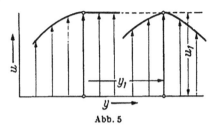

Abb. 5

Die Lösungen von Strömungsaufgaben mit diesem Reibungsglied haben, wenn man das gewöhnliche Zähigkeitsglied als numerisch klein unterdrückt, etwas ungewöhnliche Eigenschaften. Statt des asymptotischen Überganges zu konstanter Geschwindigkeit erhält man irgendwo im Endlichen eine Stelle, wo die endlich stark gekrümmte Kurve tangentiell an eine waagerechte Gerade anschließt; Geschwindigkeitsmaxima haben immer eine solche Form, daß dort der Krümmungsradius auf Null herabgeht. Es ist in der Nähe des Maximums $\bar{u}_{max} - \bar{u}$ prop. $|y - y_1|^{3/2}$, vgl. Abb. 5. Dieses Verhalten hängt mit dem Umstand zusammen, daß für $\partial\bar{u}/\partial y = 0$ der Austausch nach unserer Formel zu Null wird. In Wirklichkeit trifft dies nicht genau zu, vielmehr hört durch die Unruhe der Nachbargebiete der Austausch an der Maximumsstelle nicht völlig auf. Nimmt man zur Verfeinerung der Theorie eine Ausbreitung der Austauschgröße durch den Austausch selbst an, so ergibt sich an den Stellen $\partial\bar{u}/\partial y = 0$ noch ein von Null verschiedener Austausch[1], und man bekommt nun wieder richtige Asymptoten und Maxima mit endlicher Krümmung. Indes zeigen die Versuche, daß die Krümmung der Geschwindigkeitsprofile an der Stelle des Maximums häufig auffällig stark ist, woraus zu schließen ist, daß dort der Austausch, wenn auch

---

[1] Vgl. Z. angew. Math. Mech. Bd. 5 (1925) S. 138.

740   Turbulenz und Wirbelbildung

nicht Null, so doch beträchtlich kleiner ist als in der Nachbarschaft,
so daß der einfachen Formel (2) eine gewisse innere Berechtigung nicht
abgesprochen werden kann.

Wir haben bisher nur die Spannungskomponente betrachtet, die
in hydraulischen Aufgaben gewöhnlich die Hauptrolle spielt. Es ist
aber nicht schwer, für vorkommende Fälle auch einen mit den Sym-
metrieeigenschaften verträglichen Ausdruck anzugeben, der einen
vollen Spannungstensor liefert. Man kann dazu z. B. den Faktor $\left|\dfrac{\partial \bar{u}}{\partial y}\right|$
in Formel (2) durch das maximale Geschwindigkeitsgefälle quer zur
Stromlinie ersetzen, und den zweiten Faktor $\partial \bar{u}/\partial y$ durch den Tensor
$\nabla \bar{u} + \bar{u} \nabla$ [1]; gewisse Versuche, auf die ich noch zu sprechen komme,
deuten jedoch daraufhin, daß die Sache nicht immer ganz so einfach
ist; der Austausch selbst muß vielmehr auch als ein Tensor angesehen
werden, so daß in der Verallgemeinerung von Formel (2), sobald man
über das ebene Problem hinausgeht, das Produkt zweier Tensoren
auftritt. Eine nähere Verfolgung dieser Angelegenheit mag hier unter-
bleiben.

Der „Mischungsweg" l verlangt noch eine besondere Untersuchung.
Er wird im allgemeinen als eine Funktion des Ortes angesehen werden
können, von der zunächst festzustellen ist, daß sie bei Annäherung
an Wände zu Null werden muß, weil hier die Querbewegungen be-
hindert sind. Die Beobachtungen in Rohren mit glatten Wänden
weisen allerdings daraufhin, daß die Zähigkeit nicht ganz ohne Einfluß ist. Im Bereich der BLASIUSschen Widerstandsformel muß l proportional mit

$$y^{6/7}\left(\frac{\nu}{\sqrt{\tau_{\text{Wand}}\,\varrho}}\right)^{1.7}$$

gesetzt werden, damit sich bei Anwendung von Gl. (2) die richtige
Abhängigkeit des Widerstandes von der REYNOLDSschen Zahl und
gleichzeitig die Proportionalität der Geschwindigkeit mit der siebenten
Wurzel des Wandabstandes y ergibt[2].

Einfacher scheinen die Verhältnisse bei solchen turbulenten Bewegungen zu sein, bei denen keine Wände mitwirken, wie z. B. bei
der Vermischung von Flüssigkeitsstrahlen mit der umgebenden ruhenden
Flüssigkeit und bei der Abbremsung der Nachlaufströmung hinter
einem bewegten Objekt. In diesen Fällen der „freien Turbulenz" kann,
wenigstens für genügend große REYNOLDSsche Zahlen, angenommen

---

[1] $\nabla \bar{u} =$ Deformationsaffinor, $\bar{u} \nabla$ konjugierter Affinor. Dieses Verfahren ist
vor allem dann berechtigt, wenn eine Scherungskomponente weit über die anderen
Deformationskomponenten überwiegt.

[2] Vgl. etwa v. KÁRMÁN, Z. angew. Math. Mech. Bd. 1 (1921) S. 233 oder
„Hydraulische Probleme", S. 3—5 (PRANDTL). Berlin 1926.

werden, daß in vergleichbaren Fällen immer die Vorgänge in einem
quer zur Längsstreckung gezogenen Querschnitt geometrisch und
mechanisch ähnlich verlaufen. Dazu gehört, daß die Mischungswege
bei wachsender Breite des Strahles oder des Nachlaufstromes immer
proportional mit der Breite des Stromes bleiben, wodurch dann ver-
möge der der Formel (2) zugrunde liegenden Überlegung auch die
Quergeschwindigkeiten proportional der mittleren Relativgeschwindigkeit $\bar{u}$ gegen die ungestörte Flüssigkeit werden[1]. Diese an sich
plausible Annahme über l läßt sich übrigens, wenn man will, auch
als eine Folgerung davon herleiten, daß die Abbremsung der mittleren
Bewegung $\bar{u}$ durch die in Formel (2) gegebenen Schubspannungen
erfolgt, und daß andererseits das zeitliche Anwachsen der Breite eines
Abschnittes des turbulenten Strahles usw. proportional der Geschwindigkeit der Querbewegungen vor sich geht; die verschiedenen Be-
trachtungsweisen sind also in bestem Einklang miteinander.

Unter Hinzunahme des Impulsatzes für die Hauptbewegung läßt
sich dann leicht die Beziehung für das Anwachsen der Breite und für
die Abnahme der Geschwindigkeit mit wachsender Entfernung vom
Ort der Störung für zahlreiche Einzelfälle voraussagen. Bei der Ausbreitung von Strahlen ergibt sich bereits ohne Impulsatz ein Anwachsen der Breite proportional mit der Entfernung vom Loch und
damit wegen des Impulsatzes eine Geschwindigkeitsabnahme umgekehrt proportional der ersten Potenz der Entfernung beim Strahl
vom Kreisquerschnitt bzw. umgekehrt proportional der Wurzel aus
der Entfernung bei dem aus einem langen Spalt kommenden Strahl.

Bei der Nachlaufströmung hinter einem quer zur Strömungsrichtung
stehenden Stab bzw. einem Rotationskörper wächst die Breite proportional der Quadratwurzel bzw. Kubikwurzel aus dem Abstand, die
Geschwindigkeit nimmt umgekehrt proportional der Quadratwurzel bzw.
$2/3$ten Potenz des Abstandes ab. Bei allen diesen Regeln ist übrigens
vorausgesetzt, daß die Geschwindigkeiten bzw. die Abweichungen
der Geschwindigkeit von der der ungestörten Strömung bereits klein
gegen die der Störungsstelle geworden sind.

Als Beispiel mag die Ausbreitung eines Strahles mit Kreisquerschnitt und die Nachlaufströmung hinter einem Rotationskörper behandelt werden. b sei die Breite des Strahles bzw. Nachlaufstromes;
es sei $l = \alpha\, b$, so daß die Quergeschwindigkeit

$$v' = l\,\frac{\partial u}{\partial y} \sim \frac{lu}{b} \sim \alpha\, u$$

wird.

---

[1] Aus $v' \sim l\,\dfrac{\partial \bar{u}}{\partial y}$ ergibt sich für einen mittleren Wert von v' Proportionalität
mit $\dfrac{l\,\bar{u}}{b}$ ($b =$ Breite, $\bar{u} =$ Durchschnittswert der Relativgeschwindigkeit).

742   Turbulenz und Wirbelbildung

Aus der Aussage[1]
$$\frac{Db}{dt} \sim v'$$
(a)

wird beim Strahl abschätzend
$$u\frac{db}{dx} \sim \alpha\,\overline{u}$$

also
$$b \sim \alpha\,x.$$

Der in allen Querschnitten konstante Impuls wird $J \sim \varrho\,u^2\,b^2$; hieraus $u = \dfrac{\text{konst.}}{x}$. Beim Nachlauf ist $\dfrac{Db}{dt} \approx U\dfrac{db}{dx}$, wo U die Geschwindigkeit der ungestörten Strömung ist, also wird aus (a)
$$U\frac{db}{dx} \sim \alpha\,u.$$
(b)

Der Impuls ist $J \sim \varrho\,U\,u\,b^2$; ihm gleich ist der Widerstand $W = c_w \dfrac{\varrho\,U^2}{2} F$ ($F =$ Querschnitt des Körpers, c_w Widerstandsziffer). $J = W$ liefert
$$u \sim \frac{c_w\,U\,F}{2\,b^2}.$$
(c)

In (b) eingesetzt, wird
$$b^2\frac{db}{dx} \sim c_w\,F;$$

also
$$b \sim \sqrt[3]{c_w\,F\,x}$$

und
$$u \sim U\sqrt[3]{\frac{c_w\,F}{x^2}}.$$

Die experimentelle Prüfung der in dieser Weise gewonnenen Regeln ist, soweit es sich um die Strahlausbreitung handelt, bereits erbracht worden; bei den Nachlaufströmungen zeigen die bisher gemachten Vorversuche gewisse Abweichungen, die möglicherweise mit zu kleiner REYNOLDSscher Zahl zusammenhängen. Die endgültige Entscheidung steht hier noch aus.

Nimmt man, wie erwähnt, den Mischungsweg l in Formel (2) proportional der nach den eben erwähnten Regeln bestimmten Strahlbreite, und nimmt im übrigen an, daß er in ein und demselben Abstand von der Störungsstelle über die ganze Breite konstant ist, so sind genügend Angaben vorhanden, um die durch das Reibungsglied von Formel (2) ergänzten hydrodynamischen Differentialgleichungen

---

[1] $\dfrac{D}{dt} = \dfrac{\partial}{\partial t} + u\dfrac{\partial}{\partial x} + v\dfrac{\partial}{\partial y} + w\dfrac{\partial}{\partial z}.$

Über die ausgebildete Turbulenz   **743**

in derselben Weise zu lösen, wie das bei den „Grenzschichtrechnungen"
üblich ist (die Druckunterschiede quer zur Strömungsrichtung werden
vernachlässigt, ebenso die Wirkungen anderer Deformationsglieder als
$\partial \bar{u}/\partial y$). Auf dieser Grundlage hat mein Mitarbeiter Dr. Tollmien
verschiedene Rechnungen durchgeführt, die demnächst in der „Zeitschrift für angewandte Mathematik und Mechanik" erscheinen werden[1].
Die folgenden Bilder geben einige Resultate wieder. Dabei ist zunächst
eine besondere, bisher hier noch nicht erwähnte Strömungsform, nämlich
die Vermischung eines breiten gleichförmigen Luftstromes, der aus
einer Öffnung kommt, mit der an-
grenzenden Luft, behandelt, vgl. Abb. 6.
Die Rechnung für diesen Fall mag als
Beispiel etwas näher ausgeführt werden.
Auch hier ist die Breite b der Vermischungszone und daher auch l proportional x zu setzen wie bei den anderen
Strahlausbreitungsaufgaben ($x =$ Ent-

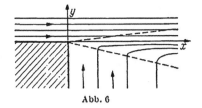

Abb. 6

fernung von der Öffnung)[2]. Eine Abhängigkeit von y soll nicht angenommen werden; damit kann $l = c\,x$ gesetzt werden. Der Ansatz
ist hier $\bar{u} = f(\eta)$, wo $\eta = y/x$ ist. Am einen Rand des Gebietes ist
$\bar{u} = U$, am anderen $\bar{u} = 0$. Der Druck sei in dem ganzen Gebiet
konstant. Es gilt nun

$$\bar{u}\,\frac{\partial \bar{u}}{\partial x} + \bar{v}\,\frac{\partial \bar{u}}{\partial y} = \frac{1}{\varrho}\,\frac{\partial \tau'}{\partial y} = 2\,c^2 x^2 \left|\frac{\partial \bar{u}}{\partial y}\right| \frac{\partial^2 \bar{u}}{\partial y^2}\,.$$

Durch Einführen der Stromfunktion $\psi = x\,F(\eta)$, wo $F(\eta) = \int f(\eta)\,d\eta$
ist, erhält man nach kurzer Rechnung die hier besonders einfache
Differentialgleichung,

$$F\,F'' + 2\,c^2\,F''\,F''' = 0,$$

die sowohl durch $F'' = 0$ ($u =$ konst.) wie auch durch

$$F + 2\,c^2\,F''' = 0$$

gelöst wird. Die letztere Differentialgleichung stellt eine Art gedämpfter
Schwingung dar, von der eine Halbschwingung die für das Vermischungs-
gebiet in Betracht kommende Funktion darstellt. An dieses Gebiet,
vgl. Abb. 7, schließt sich auf der einen Seite $u = U$, auf der anderen
$u = 0$ tangential an. Dies als Beispiel solcher Rechnungen. In anderen
Fällen ergeben sich ähnliche Differentialgleichungen, die aber meist

---

[1] Inzwischen erschienen: Z. angew. Math. Mech. Bd. 7 (1927) S. 1.
[2] Da in den Daten der Aufgabe hier keine Länge vorkommt und aus ihnen auch
keine gebildet werden kann, sobald die Zähigkeit außer acht bleibt, ist hier x die
einzige Länge, der man l proportional setzen kann. Die frühere Schlußweise ist
natürlich auch anwendbar und führt zum selben Ergebnis.

744   Turbulenz und Wirbelbildung

weniger bequem zu lösen sind. Abb. 8 gibt die Geschwindigkeitsverteilung in einem Strahl, der aus einem kreisförmigen Loch kommt.
Nach Erhalt der Lösung lassen sich nachträglich aus den Quer-
beschleunigungen und den scheinbaren Querspannungen auch die

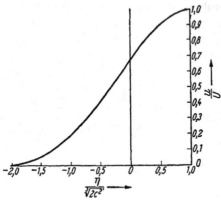

Druckunterschiede quer zur
Strömungsrichtung, die erst
vernachlässigt wurden, berechnen; sie erweisen sich in den
bisher nachgeprüften Beispielen
kleiner als 1% des Staudruckes
der Höchstgeschwindigkeit des
betreffenden Querschnittes, so
daß ihre vorläufige Vernachlässigung also gerechtfertigt ist.
Überall ergibt sich im Strahl
ein kleiner Überdruck. Bei den
Luftstrahlen der aerodynamischen Versuchseinrichtungen
hat dieser Überdruck eine meß-

Abb. 7. Geschwindigkeitsverteilung an der Strahlgrenze

technische Bedeutung für Präzisionsversuche, z. B. für die Eichung von
Staugeräten zur Luftgeschwindigkeitsmessung. Für den großen Göttinger
Luftstrom, dessen Vermischung mit der umgebenden Luft gemessen

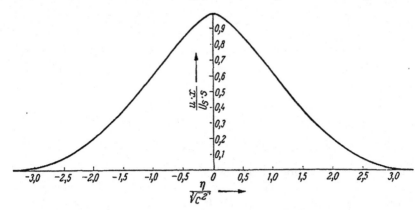

Abb. 8. Geschwindigkeitsverteilung bei der Ausbreitung eines Strahles vom Kreisquerschnitt

worden ist[1], hat Herr TOLLMIEN einen Überdruck von rund $0,006 \frac{\varrho U^2}{2}$
berechnet. Vielleicht interessieren noch die folgenden Zahlen: Breite der
Vermischungszone $b = 0,255 x$; Mischungsweg $l = 0,0174 x = 0,068 b$;

---

[1] Vgl. Ergebnisse der Aerodynamischen Versuchsanstalt in Göttingen,
II. Lief. (1923) S. 73.

Über die ausgebildete Turbulenz   745

von der Turbulenz erfaßter Teil des ungestörten Strahles $b' = 0{,}325\,b$ $= 0{,}083\,x$; Zuströmgeschwindigkeit der ruhenden Luft zum Strahl, zum Ersatz für die von diesem mitgerissene Luft: $\bar{v} = 0{,}032\,U$. Von der Übereinstimmung der berechneten Kurven mit den beobachteten geben Abb. 9 und 10 einen guten Aufschluß, wo zwei Staudruckregistrierungen mit den gestrichelt hineingezeichneten theoretischen Kurven wiedergegeben sind.

Außer den hier erwähnten Fällen ist bisher noch das Abklingen der Störung hinter einem Gitter aus parallelen Drähten gerechnet, wobei die Geschwindigkeitsabweichungen umgekehrt proportional dem

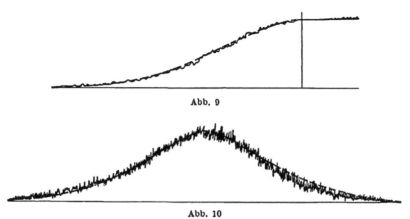

Abb. 9

Abb. 10

Abb. 9 u. 10. Staudruckregistrierungen für die Strahlgrenze und für den Strahl von Kreisquerschnitt

Abstand abnehmen, ferner das zeitliche Anwachsen der turbulenten Schicht, die aus einer Trennungsschicht mit Geschwindigkeitssprung hervorgeht. Das Anwachsen db/dt erfolgt mit einer konstanten, der Stärke des Geschwindigkeitssprunges proportionalen Geschwindigkeit, Mischungsweg[1] $l = c(u_1 - u_2)\,t$. Eine theoretische Abschätzung über die bisher nur empirisch bestimmbare Größe c wird sich, wie ich glaube, in diesem wie in anderen geeigneten Beispielen aus der Forderung gewinnen lassen, daß die so gebildete Schicht gegen kleine Schwingungen gerade nicht mehr labil ist. Allerdings wird es nicht leicht sein, die Schwingungen solcher Gebilde unter Berücksichtigung der scheinbaren Reibung auch der Schwingungsbewegung wirklich zu berechnen. (Beweis für diese Behauptung: ein zu kleines c gibt zu schmale Übergangsschichten oder Strahlen, die dann dynamisch labil sind; die

---

[1] Einziger aus Dimensionsgründen möglicher Ansatz. Das Geschwindigkeitsprofil gemäß unserer Formel (2) ist hier einfach durch eine Funktion dritten Grades von der Form $A\,y - B\,y^3$ gegeben.

Labilität bedeutet aber dann Wirbelbildung, d. h. vermehrte Vermischung, Verbreiterung usw., q. e. d.)[1].

Es ist jetzt noch von einer anderen Problemstellung zu sprechen, die sich auf die verwickelteren Aufgaben bezieht, die nicht mehr so bequem theoretisch erfaßt werden können. Hier kann unsere Formel (2) bzw. ihre Erweiterungen dazu verwendet werden, um zu der durch den Versuch festgestellten Strömung die Größe des Mischungsweges l, abhängig vom Ort in der Flüssigkeit, zu ermitteln. Dies gibt ein besonders anschauliches Bild von der Intensität der Vermischungsvorgänge an jeder einzelnen Stelle, und man erhält dabei ein sehr leicht vorstellbares Maß dieser Intensität, das sich, da es sich um eine einfache Länge handelt, auch besonders bequem vom Modell auf das große Objekt übertragen läßt. Dabei zeigen sich in den bisher geprüften Fällen bemerkenswert geringe Unterschiede im mittleren Wert von l. Für glatte Gerinne ergeben sich bei konstantem wie bei wachsendem oder abnehmendem Querschnitt, wie auch bei den gewaltsamen Vorgängen hinter einem Wehr und bei der Ausbreitung von Strahlen Mischungswege, die etwa $\frac{1}{5}$ bis $\frac{1}{10}$ der Wassertiefe bzw. der halben Kanalbreite oder der halben wirksamen Breite des Strahles sind. Für glatte erweiterte und verengte Kanäle zeigt Abb. 11 den örtlichen Verlauf von l[2]. Rauhe Kanäle werden in Göttingen z. Z. bearbeitet. Die Ergebnisse stehen noch aus.

Eine der wichtigsten Aufgaben der nächsten Zeit wird das Studium der Reibungsschichten an festen Körpern betreffen, und zwar sollen hier besonders die Bedingungen für das schädliche Abreißen der Strömung an Flugzeugtragflügeln, in Diffusoren usw. näher studiert werden. Auch hier sind bereits Anfänge vorhanden.

Zum Schluß soll noch von einer Erscheinungsgruppe gesprochen werden, die sich auf das räumliche Turbulenzproblem bezieht (im Gegensatz zu dem ebenen oder rotationssymmetrischen, das bisher allein behandelt wurde). Es handelt sich um die Geschwindigkeitsverteilung in nicht kreisförmigen Röhren. Ich habe besonders sorgfältige Messungen darüber anstellen lassen: die Ergebnisse waren sehr überraschend. Statt einer Verteilung mit nach innen zu immer mehr abgerundeten Isotachen[3], wie man sie bei der Laminarströmung bekommt, erhielt man beim Dreieck und beim Rechteck die folgenden

---

[1] Es kann auch sein, daß eine kurze Zeit hindurch für die Störung von einer bestimmten Wellenlänge oder Schwingungsdauer Labilität herrscht, die dann aber durch Anwachsen von b von Stabilität abgelöst wird. In solchen Fällen wird dann der wirklich eintretende c-Wert von den Anfangsstörungen abhängen.

[2] Abb. 11 stammt aus der Dissertation von FR. DÖNCH (Forschungsarbeiten VDI, H. 282, 1926).

[3] Linien gleicher Geschwindigkeit.

Bilder[1], von denen das für das Rechteck noch sonderbarer ist als das
für das Dreieck. Lange Zeit konnte ich keine vernünftige Erklärung
dafür finden. Eine Notiz über alte Beobachtungen betreffend spiral-
förmige Bewegung des Wassers in einem geraden Flußlauf[2] brachte
mir schließlich die Anregung zu einer brauchbaren Erklärung: Das
Wasser führt in allen geraden Kanälen von konstantem nicht kreis-
förmigem Querschnitt ,,Sekundärbewegungen'' aus, und zwar von der

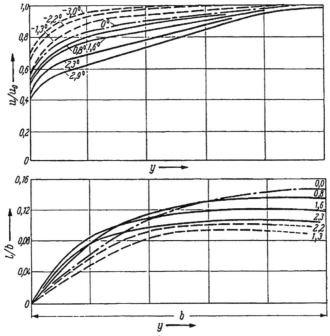

Abb. 11. Verteilung der Geschwindigkeit und des Mischungsweges über den Querschnitt
————— erweiterte Kanäle   — — — verengte Kanäle   —·—·—· Kanal von konstantem
Querschnitt

Art, daß in einer Ecke die Strömung längs der Winkelhalbierenden
in die Ecke hinein und zu beiden Seiten davon aus der Ecke heraus-
führt. Durch solche Strömungen in Zusammenwirkung mit der gewöhnlichen turbulenten Mischbewegung lassen sich die Beobachtungen
nun gut erklären. Durch die Sekundärströmung wird immer Impuls
in die Ecken hineingetragen, daher die ungewöhnlich großen Geschwindigkeiten dort. Abb. 14 zeigt die Sekundärströmungen, wie sie für
das Dreieck und das Rechteck von Abb. 12 und 13 angenommen werden

---

[1] Aus der Dissertation von NIKURADSE, a. a. O.
[2] Die Wasserkraftlaboratorien Europas, S. 66—67. Berlin 1926.

748   Turbulenz und Wirbelbildung

müssen. Man sieht, wie der von der Wand nach innen laufende Strom
beim Rechteck in der Nähe der Enden der Langseiten und auch in der

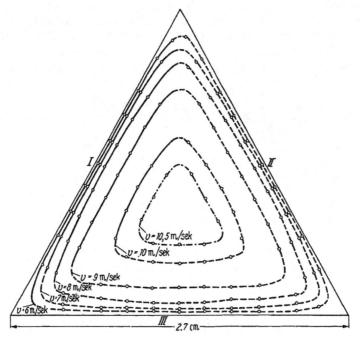

Abb. 12. Isotachen in einem Kanal von dreieckigem Querschnitt

Mitte der Schmalseiten Stellen von unternormaler Geschwindigkeit
erzeugt. Zur Bestätigung der neuen Anschauungen habe ich kürzlich

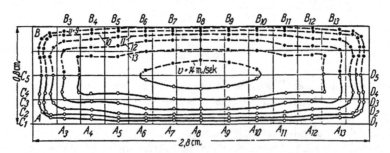

Abb. 13. Isotachen in einem Kanal von rechteckigem Querschnitt

noch ein Rohr gemäß Abb. 15 vermessen lassen. Die Ergebnisse, die
sonst sehr überraschend wirken würden, bestätigen die Erklärung in
bester Weise. Durch die aus den Ecken kommenden Ströme wird in
der Mitte ein Doppelwirbel erzeugt, der in der Mittellinie das Wasser

Über die ausgebildete Turbulenz   **749**

gegen die ebene Fläche hinführt und an den einspringenden Ecken wieder wegführt, daher übernormale Geschwindigkeit in der Mitte und unternormale Geschwindigkeit daneben. An der freien Oberfläche von

Abb. 14. Sekundärströmungen

Gerinnen bilden sich auch solche Sekundärströmungen aus, wie Abb. 16 zeigt, das die Geschwindigkeitsverteilung in dem anfangs erwähnten Gerinne wiedergibt. Die freie Oberfläche ist danach durchaus kein

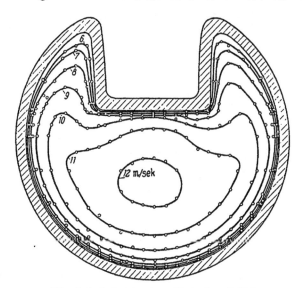

Abb. 15. Isotachen in einem Kreisrohr mit Nut

Querschnitt durch eine ebene Strömung, wie man es der Versuche wegen hätte hoffen mögen. Im übrigen schließt die photographisch bestimmte Geschwindigkeitsverteilung an der Oberfläche gut an die mit dem Pitotrohr gemessene an.

750   Turbulenz und Wirbelbildung

Wie sind nun aber die Sekundärströmungen zu erklären? Meines
Erachtens gibt es keine andere Erklärung als diese: Die Mischbewegung
ist von der Art, daß neben der Hin- und Herbewegung in der Richtung
des stärksten Gefälles der Geschwindigkeit eine noch kräftigere Hin-
und Herbewegung senkrecht dazu, also in der Richtung der Isotachen

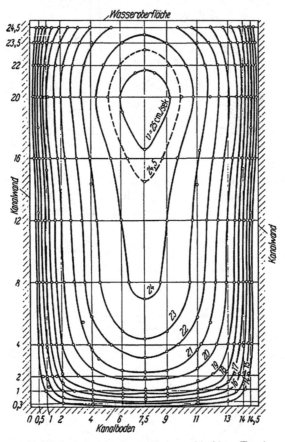

Abb. 16. Isotachen in einem offenen rechteckigen Kanal

vorhanden ist. Wenn dieses zutrifft, so ergibt eine einfache Impulsbetrachtung, daß durch diese Art von Bewegung Kräfte geweckt werden,
die nach der konvexen Seite der Isotachen weisen, und um so stärker
sind, je stärker die Krümmung ist. In Abb. 17 ist ein Abschnitt zwischen
zwei Isotachen dargestellt. Die Pfeile bedeuten die von der hin- und
hergehenden Bewegung ausgeübten Impulse, die bekanntlich für aus-
wärts und einwärts gerichtete Strömungen immer nach innen zeigen.
Betrachtungen über die Produkt-Mittelwerte $\overline{v'^2}$, $\overline{v'w'}$ und $\overline{w'^2}$ liefern

Über die ausgebildete Turbulenz   **751**

Ergebnisse, die mit dieser Impulsbetrachtung übereinstimmen. Warum nun allerdings die Mischbewegung von dieser Art ist, das ist eine Frage, die zu dem erwähnten „großen Turbulenzproblem" gehört und auf die ich die Antwort leider schuldig bleiben muß. Jedenfalls zeigt uns diese Erscheinung deutlich, daß die ausgebildete Turbulenz eine wesentlich dreidimensionale Bewegung ist.
Dieser Umstand scheint allerdings die Lösung des großen Turbulenzproblems in sehr weite Ferne zu rücken, denn den dreidimensionalen Flüssigkeitsbewegungen gegenüber sind unsere heutigen mathematischen Hilfsmittel leider im allgemeinen recht unzureichend. Für die Ord-

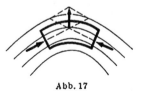

Abb. 17

nung der Erfahrungstatsachen dürften aber meist die in diesem Vortrag gezeigten Wege ausreichen, so daß man den Verzicht auf eine vollständige Erklärung wird verwinden können.

Im Anschluß an den Vortrag wird ein Film vorgeführt, der das turbulente Fließen in einem Gerinne zeigt; dabei werden auch Versuche über die Entstehung der Turbulenz vorgeführt, über die später an anderem Ort zusammenhängend berichtet werden soll.

Zeitschrift des Vereines Deutscher Ingenieure Bd. 77 (1933) S. 105—114

Neuere Ergebnisse der Turbulenzforschung

(Mitteilung aus dem Kaiser-Wilhelm-Institut für Strömungsforschung [1])

Bei allen technisch wichtigen Strömungsvorgängen spielen die unregelmäßig durcheinanderwirbelnden Bewegungen, die man Turbulenz
nennt, eine hervorragende Rolle. Die Turbulenz ist einerseits Ursache
der unerwünschten Strömungswiderstände, andererseits hat sie auch
die sehr nützliche Eigenschaft, Druckanstiege in den Strömungen zu
ermöglichen. Die Beherrschung dieser Vorgänge ist für den Strömungs-
fachmann sehr wichtig; es sind deshalb gerade in letzter Zeit zahlreiche
Forschungsarbeiten unternommen worden, um die Gesetze der turbulenten Strömung aufzuklären. In dem nachstehenden Aufsatz ist versucht worden, die wichtigsten Ergebnisse dieser Forschungen über-
sichtlich zusammenzufassen. Es werden dabei eine Reihe von Beziehungen behandelt, die auch für den Praktiker von unmittelbarem
Interesse sind.

In den ersten beiden Abschnitten werden zwei im Vordergrund
stehende Fragen behandelt, nämlich die nach den Ursachen der Entstehung der Turbulenz und die nach den Eigenschaften der Strömungen
mit ausgebildeter Turbulenz. Im dritten Abschnitt werden daraus
Folgerungen für die Strömung entlang einer rauhen Wand gezogen,
wobei sich eine wichtige Beziehung für die Geschwindigkeitsverteilung
ergibt. Es folgt nunmehr die Anwendung auf das gerade rauhe und
glatte Rohr. Hier war es möglich, für die Geschwindigkeit und für den
Strömungswiderstand Formeln zu entwickeln, die mit den Versuchen
in vorzüglichem Einklang stehen und die auch, im Gegensatz zu den
bisherigen rein empirischen Formeln, für die ganz großen REYNOLDS-
schen Zahlen gültig bleiben, für die keine Messungen mehr vorliegen.
Die Besonderheiten in Rohren mit feinkörniger Rauhigkeit bei mäßigen
REYNOLDSschen Zahlen erfahren eine einheitliche Darstellung durch
eine einzige Kurve. Versuchsergebnisse mit künstlich rauh gemachten
Rohren werden mitgeteilt. Sie bestätigen die erwähnte Beziehung.

Die an Rohren gewonnenen Ergebnisse werden auf den Widerstand
von längs angeströmten Platten übertragen. Weiter werden die Eigenschaften der Strömung in erweiterten und verengten und in gekrümmten

---

[1] Erweiterte Wiedergabe eines Vortrages vor der Prager Ortsgruppe der
Gesellschaft für angewandte Mathematik und Mechanik am 6. Mai 1932 in der
Deutschen Technischen Hochschule zu Prag. In dem Vortrag über „Formen der
strömenden Bewegung" am 16. Oktober 1932 gelegentlich der Wissenschaftlichen
Tagung des Vereines Deutscher Ingenieure konnte auf die hier behandelten Zu-
sammenhänge kurz hingewiesen werden.

820   Turbulenz und Wirbelbildung

Kanälen sowie die Mischungsvorgänge von Flüssigkeitsstrahlen mit
ihrer Umgebung und auch die Nachlaufvorgänge hinter bewegten
Körpern behandelt. Schließlich werden neu entdeckte Beziehungen
zwischen dem turbulenten Geschwindigkeitsaustausch und dem Wärmeaustausch mitgeteilt und daraus neue Schlüsse auf die feineren Besonderheiten der turbulenten Strömung gezogen.

Einleitung

Mit den ungeordneten Mischbewegungen, die man „Turbulenz"
nennt und die alle technisch wichtigen Strömungen beherrschen, hat
sich die Forschung im letzten Jahrzehnt besonders eingehend und auch
erfolgreich beschäftigt. Durch diese Mischbewegungen werden Wirkungen hervorgebracht, wie wenn die Zähigkeit der Flüssigkeit hundert-
fach oder zehntausendfach oder auch noch stärker erhöht wäre. Dieser
Umstand verursacht den großen Widerstand der strömenden Flüssigkeiten in den Rohrleitungen, den Reibungswiderstand der Schiffe und
der Luftschiffe und andere dem Ingenieur unerwünschte Widerstände,
aber auch die Möglichkeit eines Druckanstieges in Diffusoren oder
entlang Flugzeugflügeln und Gebläseschaufeln. Ohne Turbulenz wäre
hier überall Ablösung der Strömung zu erwarten, d. h. nur geringer
Wiedergewinn von Energie beim Diffusor oder schlechte Wirkung der
Flügel und Schaufeln.

Die Forschung beschäftigt sich einerseits mit der zahlenmäßigen
Tatsachenfeststellung, andererseits mit der systematischen Ordnung
der Tatsachen. Meist dringt man dabei nicht bis zu einer wirklichen
Theorie vor (die sehr schwierig ist), sondern es müssen Betrachtungen
aushelfen, bei denen die theoretischen Schlüsse durch Erfahrungstatsachen
gestützt werden. Vielfach führen dabei schon Dimensionsbetrachtungen
zusammen mit anschauungsmäßigen Einsichten zu wichtigen Auf-
schlüssen. Sobald z. B. Dichte (d. h. Trägheit) und Zähigkeit die einzigen
für den Vorgang maßgebenden Eigenschaften der Flüssigkeit sind,
wird man zu einer

$$\text{REYNOLDSschen Zahl} = \frac{\text{Dichte}}{\text{Zähigkeit}} \times \text{Geschwindigkeit} \times \text{Länge}$$

geführt ($Re = v\,l/\nu$, wobei ν die „kinematische Zähigkeit", d. i. Zähigkeit : Dichte, ist). Wenn in zwei Fällen die REYNOLDSsche Zahl denselben
Zahlenwert hat, so hat man bei beiden Strömungen genau übereinstim-
menden Ablauf zu erwarten, nur je nach den Umständen mit einem
anderen Längen- und Zeitmaßstab. Bei der Anwendung dieser Regel
kann es allerdings im Einzelfall noch einer besonderen Überlegung
bedürfen, welche Geschwindigkeit und welche Länge bei dem Vorgang
als wirklich maßgebend anzusehen ist.

Neuere Ergebnisse der Turbulenzforschung   821

Zwei Fragestellungen sind es vor allem, mit denen man sich in Theorie und Versuch beschäftigt hat:

1. Wie und unter welchen näheren Umständen entsteht Turbulenz?
2. Was läßt sich über die ausgebildete turbulente Bewegung, besonders über die Mittelwerte der Geschwindigkeiten und der Kräfte, aussagen? Die zweite Fragestellung ist offenbar die technisch wichtigere.

Entstehung der Turbulenz

Bezüglich der ersten Frage kann ich mich ziemlich kurz fassen, weil ich mich über den derzeitigen Stand vor kürzerer Zeit erst geäußert habe [5][1] und weil hier auch vieles noch in der Schwebe ist. Die wichtigste Feststellung ist die, daß Turbulenz immer dann entsteht, wenn das Geschwindigkeitsprofil einen Wendepunkt aufweist, Abb. 1, und wenn dabei die Zähigkeitseinflüsse nicht zu stark sind. Eine Strömung mit einem solchen Geschwindigkeitsprofil ist nämlich bei Abwesenheit von Flüssigkeitsreibung instabil, d. h. kleine Abweichungen in der Größe und in der Richtung der Geschwindigkeit vergrößern sich von selbst und führen einen völligen Umschlag der Strömung herbei. Eine ursprünglich schwache Wellung in den Stromlinien führt so allmählich durch Überschlagen der Wellen zur Ausbildung von Wirbeln. Durch starke Zähigkeitswirkungen können diese Vorgänge allerdings verhindert werden.

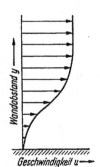

Abb. 1. Geschwindigkeitsprofil mit Wendepunkt

Man erkennt daraus, daß die Neigung zum Turbulentwerden um so größer ist, je größer die REYNOLDSsche Zahl ist. Geschwindigkeitsprofile mit Wendepunkt kommen z. B. in den durch Zähigkeitswirkungen hervorgebrachten Gleitschichten[2] an den Wänden vor, wenn der Druck in der Strömungsrichtung ansteigt oder, anders gesagt, wenn die Flüssigkeit verzögert strömt. Solche Stellen in der Flüssigkeit neigen daher besonders stark zum Turbulentwerden. Aber auch die unbeschleunigte Geradeausströmung längs einer Wand wird bei hinreichend großer REYNOLDScher Zahl turbulent. Man kann dies damit erklären, daß der Zustrom niemals absolut störungsfrei ist und daß immer Unregelmäßigkeiten in der Geschwindigkeitsverteilung vorkommen. Vor allem dürften Drehbewegungen mit Achsen parallel zur Strömungsrichtung, die sehr wenig gedämpft verlaufen, erheblichen Anteil an der Schaffung von instabilen Geschwindigkeitsverteilungen haben. Durch solche Drehungen werden nämlich Teile der Flüssigkeit an die Wand heran- und andere

---

[1] Die Ziffern in eckigen Klammern beziehen sich auf das Schriftenverzeichnis am Schluß des Aufsatzes (s. S. 843ff.).

[2] Sonst auch Grenzschichten oder Reibungsschichten genannt.

822   Turbulenz und Wirbelbildung

von ihr fortgeführt, und es kommen so, selbst bei geringer Geschwindigkeit der Störungsbewegung, im Verlauf der Zeit Teile geringer Geschwindigkeit zwischen solche mit großer Geschwindigkeit, was un-
bedingt zu Instabilitäten führt.

Im übrigen gibt es noch eine andere Art von Turbulenzbeginn,
die auf theoretischem Weg entdeckt wurde [2, 3 und 4] und die besonders

dann in Betracht kommt,
wenn Störungen der vor-
genannten Art nicht vor-
liegen. Bei der Strömung
längs einer Wand kommt
eine   Art   langwelliger
Störungen vor, die ober-
halb   einer   bestimmten
kritischen   REYNOLDS-
schen Zahl von selbst im
Verlauf der Zeit an Stärke
zunehmen und so, wenn
ihre   Amplituden   groß
genug geworden sind, in
ihren   verzögerten   Be-
zirken die Vorbedingung
für das Turbulentwerden
hervorbringen.   Bemer-
kenswert ist, daß die von

Abb. 2. Entstehung der Turbulenz
aus einer anfänglichen Störung.
Die Strömung ist durch Aufstreuen
von   Aluminiumstaub   auf   die
Wasseroberfläche   sichtbar   gemacht. Das Aufnahmegerät, ein
langsam arbeitender Kinoapparat,
fährt auf einem Wagen mit der
Strömung mit, so daß dauernd
dieselbe Wirbelgruppe im Gesichts-
feld bleibt. Im obersten Bild ist
links die Absaugstelle (an den
schräg verlaufenden Stromlinien
erkennbar), in der Mitte die
„Stufe", durch deren Aufrollen
der erste Wirbel entsteht. Strom-
aufwärts von ihm entsteht ein
weiterer usf. Im letzten Bild ist
der erste Wirbel ganz rechts zu
sehen. Man sieht, daß er Wasser
aus der Gleitschicht (die absichtlich dichter mit Aluminium be-
streut war) weit ins Innere der
Strömung hineingeführt hat.

TOLLMIEN [*4*] und SCHLICHTING [*6*] theoretisch ermittelten kritischen REYNOLDSschen Zahlen für zwei verschiedene Fälle in gutem Einklang mit den Versuchswerten sind.

Versuche über die Entstehung der Turbulenz. Um über diese Frage mehr Klarheit zu erhalten, haben wir die Entstehung der Turbulenz durch Versuche in einem 20 cm weiten und 6 m langen Kanal im einzelnen näher verfolgt. So sorgfältig wir dabei auch vorgingen, so war es doch nicht möglich, alle Einlaufstörungen hinreichend zu beseitigen, so daß bald hier, bald dort in unregelmäßiger Folge ein Herd von turbulenter Bewegung auftrat, der sich nun ziemlich rasch weiter ausdehnte.

Klarere Bilder ergaben sich, wenn wir selbst absichtlich eine Störung in die Strömung hineinsetzten, so z. B., daß wir durch ein aus Siebblech gebildetes kurzes Wandstück etwas Wasser hinzutreten ließen oder absaugten. Im ersteren Fall, wo also eine kleine Flüssigkeitsmenge, die an der Strömung noch nicht teilnimmt, zwischen Wand und bewegte Masse geschoben wird, ist sofort Instabilität vorhanden, und die Turbulenz beginnt an der Eintrittsstelle. Die eintretenden Mengen können dabei sehr gering sein. Im Fall des Absaugens war die Stelle am stärksten gestört, die sich im Augenblick des Beginns des Absaugens am Siebblech befunden hatte. Hinter dieser Stelle ist durch das Absaugen die Gleitschicht dünner, und die inneren Flüssigkeitsteile, die der Gleitschicht voreilen, müssen deshalb über eine Art Stufe von der dünneren Gleitschicht auf die stromabwärts befindliche dickere Gleitschicht hinaufströmen. Diese Störung genügt, um in einiger Zeit die Strömung in Unordnung zu bringen und die Gleitschicht zum Zerfall zu bringen. Die Bilderreihe von Abb. 2 zeigt diese Entwicklung und das weitere Anwachsen dieses Turbulenzherdes.

Grundbegriffe der ausgebildeten Turbulenz

Ich wende mich jetzt zu den Gesetzmäßigkeiten der fertig ausgebildeten Turbulenz. Die Darstellung, die ich dabei wähle, folgt nicht der geschichtlichen Entwicklung, sie soll dafür den heute erreichten Stand um so deutlicher werden lassen. Ich beginne mit einer Betrachtung, die sich auf das Verhalten einer idealen Flüssigkeit ohne jede Zähigkeit bezieht. Solche Flüssigkeiten gibt es zwar in Wirklichkeit nicht, es ist aber für vielerlei Überlegungen von Vorteil, festzustellen, was von einer solchen idealen Flüssigkeit zu erwarten wäre, weil die Gesetze der idealen Flüssigkeit wegen der Abwesenheit der Zähigkeit einfacher sind als die für eine wirkliche Flüssigkeit.

Nach unseren bisherigen Feststellungen tritt Turbulenz um so leichter ein, je größer die REYNOLDSsche Zahl ist oder, mit anderen Worten, je kleiner unter sonst gleichen Umständen die Zähigkeit ist. Geht man nun zur Grenze Zähigkeit gleich Null, so wird die REYNOLDSsche

824   Turbulenz und Wirbelbildung

Zahl offenbar unendlich, und wir folgern daraus, daß die Strömung
der idealen Flüssigkeit im allgemeinen turbulent sein muß. Wenn man
allerdings gleichzeitig noch annimmt, daß die Körper oder Wände, an
denen sich die Flüssigkeit entlang bewegt, eine mathematisch glatte
Oberfläche haben, so würde sich die Oberflächenreibung, da ja die
Zähigkeit fehlt, gleich Null ergeben, und man würde so das klassische
Verhalten der idealen Flüssigkeit, wie es aus der alten Hydrodynamik
bekannt ist, wieder erhalten. Nimmt man aber rauhe Oberflächen an,
so wird man, seien die einzelnen Rauhigkeiten auch noch so fein, an
jeder einzelnen Rauhigkeit eine Trennungsfläche annehmen können[1].
Die Strömung erhält durch die gegenseitige Einwirkung der verschiedenen kleinen Trennungsflächen, die in sich instabil sind und einander
in Unordnung bringen, einen turbulenten Charakter; dabei ergibt sich
an jeder Rauhigkeit ein Druckunterschied zwischen ihrer Vorder- und
Rückseite und damit auch ein Widerstand, der proportional dem Quadrat der Geschwindigkeit ist.

Wir wollen dieser Betrachtung entnehmen, daß man mit gutem
Recht über die Gesetze der Turbulenz theoretische Überlegungen anstellen darf, bei denen man die Zähigkeit der Flüssigkeit gleich Null
setzt. Die folgenden Darlegungen werden deutlich zeigen, daß man sich
damit auf dem rechten Weg befindet, d. h. daß tatsächlich im Inneren
der Strömung die turbulenten Widerstände von der Zähigkeit praktisch
nicht mehr abhängen. In einer schmalen Zone in der Nähe der Wände
bleibt der Einfluß der Zähigkeit allerdings bestehen, sofern er nicht
von dem Einfluß einer groben Rauhigkeit überdeckt wird.

Für die genauere Untersuchung der turbulenten Mischungsvorgänge
hat sich ein Begriff als nützlich erwiesen, der hier kurz erläutert werden
soll. Es handelt sich um den sogenannten *Mischungsweg*, der bei den
turbulenten Mischungsvorgängen eine ähnliche Rolle spielt wie die
mittlere freie Weglänge bei der molekularen Diffusion in einem Gas.
Bei diesen beiden Arten von Vorgängen kommen Schubspannungen
(oder genauer genommen scheinbare Schubspannungen) dadurch zu-
stande, daß zwischen Schichten der Flüssigkeit, die mit verschiedenen Geschwindigkeiten nebeneinander herströmen, dauernd Bewegungsgröße ausgetauscht wird. Man kann sich von diesen in Wirklichkeit ziemlich verwickelten Vorgängen folgende vereinfachte Vorstellung machen.

Man nimmt an, daß irgendein Teilchen, das auf Grund eines Zu-
sammenstoßes mit seinen Nachbarn eine Geschwindigkeit quer zur

---

[1] In schwach reibenden Flüssigkeiten findet man an in die Flüssigkeit vor-
springenden Wandteilen regelmäßig Ablösung der Strömung. Beim Grenzübergang
zu verschwindender Zähigkeit ergeben sich daraus HELMHOLTZsche Trennungsflächen mit endlichem Geschwindigkeitssprung.

Strömung erhalten hat, in der Strömungsrichtung im Mittel die Bewegungsgröße hat, die der Schicht, aus der es stammt, als Mittelwert
zukommt, und daß es nun eine Strecke l quer zur Strömung zurücklegt, bevor es mit neuen Teilchen zusammenstößt oder sich mit ihnen
vermengt. Derartige Austauschbewegungen gehen in beiden Richtungen
vor sich, und es werden so von der schnelleren Schicht Teile aufgenommen,
die aus der langsameren Schicht stammen, wodurch die schnellere
Schicht natürlich verzögert wird, und umgekehrt treten in die langsamere Schicht Teile der schnelleren Schicht ein und wirken hier be-
beschleunigend.

Die Wirkung der beiden Flüssigkeitsschichten aufeinander ist also
gerade so, als ob zwischen ihnen Reibung bestände. Der Unterschied
zwischen den molekularen Vorgängen und den turbulenten besteht
dabei nur darin, daß in dem einen Fall die einzelnen Molekeln, in dem
anderen Fall ganze Flüssigkeitsballen die Träger des Austausches sind.
Ist u die Geschwindigkeit der Strömung und ist y die Koordinate in
der Richtung quer zur Strömung, in der sich die Geschwindigkeits-
änderung vollzieht, so ist der Unterschied der Geschwindigkeiten von
zwei Schichten, die um die Entfernung l auseinanderliegen, in erster
Näherung $= l \cdot \dfrac{\mathrm{d}u}{\mathrm{d}y}$. Dies ist nach dem Vorstehenden also auch der
Geschwindigkeitsunterschied eines Teilchens, das sich, aus der anderen
Schicht kommend, neu mit seiner jetzigen Umgebung vermengt.

Um die Größe der Reibungskraft, genauer gesprochen der Schubspannung zwischen den beiden Schichten, zu ermitteln, muß man noch
wissen, wie groß die sekundlich ausgetauschte Masse ist. Man kann
diese, bezogen auf die Flächeneinheit, ausdrücken durch das Produkt
aus der Dichte ϱ ($= \gamma/g$) und einer Austauschgeschwindigkeit v'. Im
Fall der Molekularbewegung ist diese Geschwindigkeit proportional der
Geschwindigkeit der Wärmebewegung. Da diese zu je einem Drittel nach
der x-Achse, nach der y-Achse und nach der z-Achse erfolgt und für den
Austausch in unserem Beispiel nur der y-Anteil in Betracht kommt,
kann man in erster Näherung $v' = c/3$ setzen, wobei c die mittlere
Geschwindigkeit der Wärmebewegung ist. Damit ergibt sich die Schub-
spannung[1]

$$\tau = \frac{1}{3}\,\varrho\,c\,l\,\frac{\mathrm{d}u}{\mathrm{d}y} = \eta\,\frac{\mathrm{d}u}{\mathrm{d}y}. \tag{1}$$

Im Fall des turbulenten Massenaustausches liegt es nahe, die Geschwindigkeit v' von derselben Größenordnung zu nehmen wie den
Geschwindigkeitsunterschied der beiden um die Entfernung l aus-
einanderliegenden Schichten, da die Flüssigkeitsballen mit Geschwin-

---

[1] Durch eine strengere Betrachtung fand BOLTZMANN für die Zähigkeit η den
von dem in Gl. (1) wenig abweichenden Wert $\eta = 0{,}3503\,\varrho\,c\,l$.

826   Turbulenz und Wirbelbildung

digkeiten von dieser Größe zusammenstoßen [*8*, *9* und *10*]. Man erhält
also für die Schubspannung, wenn man den unbekannten Zahlenfaktor
von v' unterdrückt, die Formel

$$\tau = \varrho \left(l \frac{\mathrm{d}u}{\mathrm{d}y} \right)^1. \tag{2}$$

Die Unterdrückung des Zahlenfaktors bedeutet dabei nur eine etwas
andere Definition von l. Durch diese Betrachtungsart erhält man also,
wie es auch in der Natur zutrifft, für die einfache Zähigkeitswirkung
Schubspannungen proportional $\mathrm{d}u/\mathrm{d}y$ und für den turbulenten Austausch (wobei die nebenher vorhandene Zähigkeitswirkung unberück-
sichtigt bleibt) die Schubspannung proportional $(\mathrm{d}u/\mathrm{d}y)^2$, was mit den
dem Quadrat der Geschwindigkeit proportionalen hydraulischen Wider-
ständen in gutem Einklang ist.

Mit dem Ansatz (2) wird das Problem der hydraulischen Strömungswiderstände zurückgeführt auf das andere Problem der Verteilung des
Mischungsweges l in der Strömung. Solange man keine rationelle Theorie
der turbulenten Strömung hat, die die Gesetze der turbulenten Vorgänge aus den hydrodynamischen Differentialgleichungen ableitet, ist
man allerdings darauf angewiesen, Aussagen über die Verteilung des
Mischungsweges aus den Versuchen zu gewinnen, so daß also nur eine
Unbekannte durch eine andere ersetzt ist. Trotzdem ergibt sich aber
ein erheblicher Gewinn, da sich zeigt, daß, wenigstens bei den größeren
Reynoldsschen Zahlen[1], der Mischungsweg praktisch von der Größe
der Geschwindigkeit nicht mehr abhängt und sich außerdem für seine
räumliche Verteilung im Durchschnitt ziemlich einfache Regeln angeben
lassen.

Oft geben schon Dimensionsbetrachtungen eine brauchbare An-
weisung. Für den Fall z. B., daß es sich um eine Strömung in der Nähe
einer mehr oder minder glatten ebenen Wand handelt, ist man unter
der Voraussetzung, daß sich an der betrachteten Stelle im Flüssigkeits-
inneren weder Zähigkeitseinflüsse noch die Wandrauhigkeit bemerkbar
machen, in der Lage, über die Verteilung des Mischungsweges eine
Aussage zu machen. An einem Punkt im Abstand y von der Wand ist
nach Lage der Aufgabe keine andere für den dortigen Zustand kennzeichnende Länge auffindbar als eben dieser Wandabstand y selbst.
Der Mischungsweg l ist auch eine Länge; so bleibt keine andere Möglichkeit als die, den Mischungsweg dem Wandabstand proportional zu
setzen:

$$l = \varkappa y.$$

$\varkappa$ ist dabei ein universeller Zahlenbeiwert, der aus Versuchen bestimmt
werden kann. Wenn man einen Strömungszustand voraussetzt, bei dem

---

[1] Von etwa $Re = 10^5$ aufwärts.

die Schubspannung τ konstant ist, ergibt sich also gemäß Gl. (2)

und daher

$$\frac{du}{dy} = \frac{1}{\varkappa\,y}\sqrt{\frac{\tau}{\varrho}}$$

$$u = \frac{1}{\varkappa}\sqrt{\frac{\tau}{\varrho}}\,(\ln y + \text{konst.}).\tag{3}$$

Ein derartiger Verlauf der Geschwindigkeit abhängig vom Wandabstand ist nun in der Tat ganz von der Art, wie das wirklich beobachtet wird, Abb. 3. Durch Vergleich mit Versuchsergebnissen findet man als runden Wert von $\varkappa$ die Zahl 0,4.

Kármánsche Theorie

Prof. v. KÁRMÁN hat in einer sehr viel beachteten Arbeit [12] die Aufgabe so formuliert, daß er die Annahme macht, daß die turbulenten Mischungsvorgänge in allen Fällen in derselben Weise ablaufen, so daß von einem Fall zu einem anderen und auch von einer Stelle der Strömung zur anderen nur Unterschiede bezüglich des Längenmaßstabes und des Zeitmaßstabes be

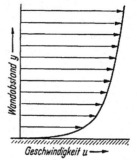

Abb. 3. Geschwindigkeitsprofil nach Gl. (3)

stehen. Die Wirkungen der Zähigkeit werden dabei neben denjenigen der Turbulenz als vernachlässigbar angesehen. Über diese beiden Maßstäbe, von denen der erstere seinem Sinne nach offenbar mit unserem Mischungsweg l übereinstimmt, werden nun aus den EULERschen Gleichungen Aussagen geschöpft; die Geschwindigkeit u der Grundströmung, die als Funktion von y allein angenommen wird, wird dabei von der betrachteten Stelle aus in eine nach dem quadratischen Glied abgebrochene TAYLOR-Reihe entwickelt. Die mittlere Geschwindigkeit, mit der das betrachtete Teilchen sich vorwärts bewegt, ist ohne unmittelbaren Einfluß auf dessen innere Bewegung. Es kommen hierfür deshalb von den gegebenen Größen nur du/dy und d^2u/dy^2 in Betracht. Zunächst ergibt sich als Zeitmaßstab für den Ablauf des Mischungsvorganges eine Zeit

$$T \sim \frac{1}{du/dy}.^1$$

Die Störungsgeschwindigkeiten u' in der X-Richtung und v' in der Y-Richtung ergeben sich damit aus Dimensionsgründen proportional l/T, also

$$u' \sim v' \sim l\,\frac{du}{dy},$$

---

[1] Zeichen $\sim$ lies „proportional".

was mit den früheren Darlegungen übereinstimmt. Für den Längenmaßstab des Mischungsvorganges findet v. KÁRMÁN die Beziehung

$$l = \varkappa' \frac{du/dy}{d^2u/dy^2},$$

wobei $\varkappa'$ eine aus den Versuchen zu ermittelnde Konstante ist. Diese
Aussage der KÁRMÁNschen Theorie geht somit über das Bisherige
hinaus, da sie unabhängig von einer Wandentfernung eine Rechenvorschrift für die Größe des Mischungsweges liefert. Führt man diese
Beziehung in unsere Gl. (2) ein und integriert sie unter der Annahme
einer in dem betreffenden Gebiet konstanten Schubspannung, so erhält
man

$$u = \frac{1}{\varkappa'} \sqrt{\frac{\tau}{\varrho}} [\ln(y + C_1) + C_2], \tag{4}$$

also praktisch wieder unsere Gl. (3). Die geforderte Übereinstimmung
mit den Versuchsergebnissen führt nun offensichtlich dazu, $\varkappa' = \varkappa$ zu
setzen. Es ergeben also in dem Fall einer konstanten Schubspannung
die beiden Ansätze dieselbe Geschwindigkeitsverteilung.

Bei anderen Annahmen über die Schubspannung ergibt sich keine
Übereinstimmung mehr. Im übrigen entbehrt hier sowohl der Ansatz
$l = \varkappa y$ einer stichhaltigen Begründung, da infolge der Veränderlichkeit
der Schubspannung noch eine weitere Länge $\frac{\tau}{d\tau/dy}$ zur Verfügung
steht; aber auch der KÁRMÁNsche Ansatz

$$l = \varkappa \frac{du/dy}{d^2u/dy^2}$$

bedeutet hier nur noch eine rein abschätzende Näherung, da er nur
dadurch gewonnen worden ist, daß man in der Reihenentwicklung für u
die Wirkung von d^3u/dy^3 und höheren Gliedern außer acht gelassen
hat. In dem Fall $\tau = $ konst. fallen die beiden Lösungen deshalb zusammen, weil die Geschwindigkeitsverteilung nach Gl. (3) durch Änderung des Längenmaßstabes und gleichzeitige passende Änderung der
Integrationskonstante in sich übergeführt wird, falls die Schubspannung τ ungeändert bleibt, so daß hier eine strenge Ähnlichkeit auch der
Grundströmung vorliegt.

Aus Gl. (3) ist leicht zu ersehen, daß die Größe $\sqrt{\tau/\varrho}$ eine Geschwindigkeit ist. Diese Geschwindigkeit ist uns für verschiedene, in
folgendem anzustellende Ähnlichkeitsbetrachtungen sehr wertvoll. Wir
wollen sie deshalb mit v_* bezeichnen und „Schubspannungsgeschwindigkeit" nennen. Die Formel

$$\tau = \varrho\, v_*^2$$

ist von ähnlichem Bau wie diejenige für den Staudruck

$$p_d = \tfrac{1}{2}\varrho\, u^2,$$

Neuere Ergebnisse der Turbulenzforschung   829

was aus Dimensionsgründen verständlich ist, da die Schubspannung auch eine Kraft je Flächeneinheit ist. Zahlenmäßig ist die scheinbare Schubspannung τ der Turbulenz meist sehr klein gegenüber dem Staudruck; es handelt sich daher bei v_* auch um eine Geschwindigkeit, die verhältnismäßig klein gegen die Strömungsgeschwindigkeit u ist. Der Vergleich mit Gl. (2) zeigt übrigens, daß

$$v_* = l \frac{du}{dy}$$

ist; v_* ist also von der Größenordnung der Mischgeschwindigkeiten u' und v'.

Strömung längs einer rauhen Wand

Die Strömung längs einer rauhen Wand ist von unserem Standpunkt aus einfacher als die längs einer glatten Wand, weil bei dieser die Zähigkeit eine maßgebliche Rolle spielt, bei jener aber nicht; es empfiehlt sich also, die Strömung längs einer rauhen Wand zuerst zu behandeln. Ist k eine die Korngröße der Wandrauhigkeit messende Länge, so folgt unter Zugrundelegung der idealen Flüssigkeit aus einer einfachen Ähnlichkeitsbetrachtung, daß die Geschwindigkeitsverteilungen in der Wandnähe bei geometrisch ähnlichen Rauhigkeiten auch geometrisch ähnlich sind, so zwar, daß die Korngröße k den Maßstab dafür abgibt. Der formelmäßige Ausdruck dieser Beziehung ist der, daß die Geschwindigkeit im Abstand y eine Funktion des Verhältnisses y/k ist. Wenn man dieser Geschwindigkeitsverteilung Gl. (3) zugrunde legt, was sich gemäß dem Vorausgehenden jedenfalls für die Gegenden weiter im Inneren der Flüssigkeit empfiehlt, so ergibt sich aus dem Gesagten, daß die Integrationskonstante von Gl. (3) = konst. $-\ln k$ zu setzen sein wird.

Eine bisher unveröffentlichte Versuchsreihe von NIKURADSE mit Rohren verschiedener Weite, die durch Aufkleben von gesiebtem Sand verschiedener Korngrößen mit Hilfe eines geeigneten Lackes in verschiedenem Grad rauh gemacht worden waren, ergab, daß man die neue Konstante $= 3,4 = \ln 30$ setzen kann; k bedeutet dabei den mittleren Korndurchmesser des zur Erzeugung der Rauhigkeit verwandten Sandes. Mit $1/\varkappa = 2,5$ ergibt sich also die Formel

$$u = 2,5 v_* \ln\left(\frac{30 y}{k}\right).$$

Durch eine Koordinatenverschiebung um den Betrag von $k/30$ läßt sich noch erreichen, daß für $y = 0$ auch $u = 0$ wird[1]. Damit wird also

$$u = 2,5 v_* \ln\left(1 + \frac{30 y}{k}\right) \tag{5}$$

---

[1] Wo die Koordinatenachse zwischen den Höckern der Rauhigkeit genau zu liegen hat, ist dabei noch eine offene, aber nicht sehr wichtige Frage.

830   Turbulenz und Wirbelbildung

oder, wenn man den natürlichen Logarithmus durch den Zehner-
logarithmus ersetzt,

$$u = 5{,}75 v_* \log\left(1 + \frac{30\,y}{k}\right).$$
(5a)

Gl. (5) bzw. (5a) gibt somit einen festen Zusammenhang zwischen der
Geschwindigkeitsverteilung, der Schubspannungsgeschwindigkeit, dem
Wandabstand und dem Rauhigkeitsmaß k. Dies gilt zunächst für die
bei den Versuchen verwendeten Arten von Rauhigkeiten. Für andere
Formen von rauhen Oberflächen wird sich statt der Zahl 30 voraussichtlich eine andere, im übrigen auch noch von der Art, das Rauhigkeitsmaß zu definieren, abhängige Zahl ergeben. Versuche darüber sind
in Göttingen in Vorbereitung.

Gl. (5) gibt uns nun sofort Gelegenheit, die obige Behauptung über
das Verhalten der idealen Flüssigkeit nachzuprüfen. Die Geschwindigkeit im Abstand $y = h$ sei $u = u_1$. Mit dieser Angabe läßt sich aus
Gl. (5a) v_* fortschaffen. Es wird

$$v_* = \frac{u_1}{5{,}75 \log\left(1 + 30\,\dfrac{h}{k}\right)}$$

und damit

$$u = u_1 \frac{\log\left(1 + 30\,\dfrac{y}{k}\right)}{\log\left(1 + 30\,\dfrac{h}{k}\right)}.$$
(6)

Die zugehörige Schubspannung wird

$$\tau = \varrho\, v_*^2 = \frac{\varrho\, u_1^2}{33\left[\log\left(1 + 30\,\dfrac{h}{k}\right)\right]^2},$$
(7)

woraus zu ersehen ist, daß diese Schubspannung proportional dem
Quadrat der Strömungsgeschwindigkeit u_1 ist. Die Abhängigkeit von
der Wandrauhigkeit ist durch Gl. (7) ebenfalls klargestellt.

Geht man zur mathematisch glatten Wand, also zu $k = 0$, über,
so wird nach Gl. (6) u für alle Werte von y konstant $= u_1$ und $\tau = 0$,
wie man es in der klassischen Hydrodynamik an der idealen Flüssigkeit gewöhnt ist. Der Unterschied ist allerdings auch deutlich, daß selbst
eine submikroskopische Rauhigkeit mit einem k von der Größenordnung
eines Atomdurchmessers noch erhebliche Abweichungen vom idealen
Verhalten zeigen würde. Auf solche Fälle dürfen unsere Formeln in
Wirklichkeit nicht mehr angewandt werden. Die Verhältnisse werden
hier durch das Eingreifen der Zähigkeit wesentlich verändert, wie im
folgenden noch gezeigt werden wird.

Die Rohrströmung

Eine wichtige Feststellung ist zunächst die, daß im Inneren eines
geraden Rohres die Relativbewegung der Flüssigkeitsteile gegeneinander
bei einigermaßen großen REYNOLDSschen Zahlen nur vom Druckgefälle
abhängt, dagegen gar nicht von der Beschaffenheit der Wand, so daß
also bei gleichbleibendem Druckgefälle die Kurven der Geschwindigkeitsverteilung in Rohren großer und kleiner Wandrauhigkeit sich durch
Verschiebung längs der Geschwindigkeitsachse zur Deckung bringen
lassen (abgesehen natürlich von einem Stück unmittelbar an der Wand,
das den Geschwindigkeitsanstieg dort darstellt, der natürlich bei glatterer
Wand größer ist als bei rauherer). Diese Beziehung ist schon vor
75 Jahren von DARCY [14] gelegentlich seiner großen Arbeit über den
Rohrwiderstand gefunden und auch ausdrücklich hervorgehoben worden,
ist dann aber wieder vergessen worden. Sie ist bei Aachener Messungen
in rauhen Kanälen von FRITSCH [17] von neuem augenfällig festgestellt
worden. Von unserem Standpunkt aus ist diese Feststellung identisch
mit der Aussage, daß die Verteilung des Mischungsweges über das
Rohrinnere praktisch von der Wandbeschaffenheit unabhängig ist.
Unter Berücksichtigung unserer früheren Feststellungen liegt es nahe,
zu vermuten, daß man für den Mischungsweg den Ansatz

$$l = r f_1\left(\frac{y}{r}\right)$$

machen kann, wo y der Wandabstand und r der Rohrhalbmesser ist
(genaugenommen würde noch eine besondere Verabredung darüber
zu treffen sein, von welcher Stelle zwischen den Körnern der Rauhigkeit
der Wandabstand y gerechnet werden soll; von dieser Feinheit mag hier
aber abgesehen werden). Da die Verteilung der Schubspannung über
das Rohr bekannt ist, wenn der Druckabfall gegeben ist, kann man aus
Messungen über die Geschwindigkeitsverteilung mit Hilfe von Gl. (2)
die Verteilung von l nachprüfen. Es zeigt sich, daß der obige Ansatz
zumindest bei den höheren REYNOLDSschen Zahlen gut bestätigt wird.
Abb. 4 gibt das Ergebnis in dimensionsloser Form wieder und zeigt
damit den Verlauf der Funktion f_1.

Man kann nun umgekehrt diese Funktion zugrunde legen und daraus
mit Hilfe von Gl. (2) du/dy ausrechnen, woraus durch eine Integration
auch eine Aussage über die Geschwindigkeit selbst gewonnen werden
kann. Bei Einführung der Schubspannungsgeschwindigkeit v_* gewinnt
diese Beziehung die Form

$$u_{max} - u = v_* f_2\left(\frac{y}{r}\right). \tag{8}$$

Diese erstmalig von v. KÁRMÁN [12] angeschriebene Gleichung ist ebenfalls durch die Versuche wohl bestätigt, wie Abb. 5 erweist, in die Ver-

832   Turbulenz und Wirbelbildung

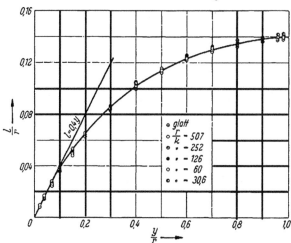

Abb. 4. Verteilung des Mischungsweges im Rohr bei großen REYNOLDSschen Zahlen

$$\left[\text{Funktion } f_1\left(\frac{y}{r}\right)\right]$$

l Mischungsweg, r Rohrhalbmesser, y Abstand von der Wand, k mittlere Längenabmessung
der Rauhigkeit

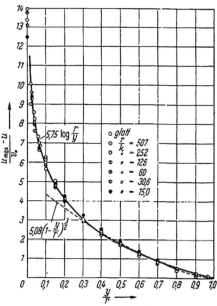

suchspunkte für glatte und verschieden rauhe Rohre eingetragen sind.

Von der Geschwindigkeit u in irgendeinem Wandabstand y kann man nun zur mittleren Geschwindigkeit $\bar{u}$ übergehen. Man erhält dabei ersichtlich aus Gl. (8) eine Beziehung von der Form

$$u_{\max} - \bar{u} = v_* \cdot \text{Zahl.} \quad (9)$$

Aus Göttinger Versuchen von NIKURADSE wurde diese

$$\text{Zahl} = 4{,}07$$

ermittelt.

Ein besonderer Glücksfall hat ergeben, daß bereits unsere Gl. (3) oder die spezielle Form für rauhe Wand, Gl. (5), eine bis zur Rohrmitte brauchbare Näherung für die Funktion $f_2(y/r)$

Abb. 5. Verlauf von $u_{\max} - u$ im Rohr bei großen

REYNOLDSschen Zahlen $\left[\text{Funktion } f_2\left(\frac{y}{r}\right)\right]$

$u_{\max}$ größte Strömungsgeschwindigkeit, u Strömungsgeschwindigkeit an der Stelle y, v_* Schubspannungsgeschwindigkeit $= \sqrt{\tau/\varrho}$, τ Schubspannung, ϱ Dichte

Neuere Ergebnisse der Turbulenzforschung   **833**

liefert[1], nämlich

$$f_2\left(\frac{y}{r}\right) = 2{,}5 \ln \frac{r}{y} = 5{,}75 \log \frac{r}{y}. \,^{[2]} \tag{10}$$

Damit ist nun alles zusammen, um, zunächst für das rauhe Rohr, den Widerstand für eine gegebene Menge zu berechnen.

Wir machen zunächst den üblichen Ansatz für die Widerstandszahl λ:

$$-\frac{dp}{dx} = \frac{\lambda}{d} \frac{\varrho \, \bar{u}^2}{2}. \tag{11}$$

Aus dem Gleichgewicht eines Wasserzylinders vom Halbmesser $r = d/2$ erhält man in bekannter Weise für die Wandschubspannung τ_0 die Beziehung

$$-\pi r^2 \frac{dp}{dx} = 2\pi r \tau,$$

also

$$-\frac{dp}{dx} = \frac{2\tau}{r} = \frac{2\varrho \, v_*^2}{r}. \tag{12}$$

Der Vergleich von Gl. (11) und (12) liefert mit dem Rohrdurchmesser $d = 2r$

$$v_*^2 = \frac{\lambda}{8} \bar{u}^2. \tag{13}$$

Durch Anwendung von Gl. (5a) auf die Rohrmitte ($y = r$) erhält man wenn man unter dem Logarithmus die 1 gegen den sehr großen Wert $30r/k$ vernachlässigt und $\log 30 = 1{,}477$ setzt,

$$u_{max} = v_*\left(5{,}75 \log \frac{r}{k} + 8{,}5\right). \tag{14}$$

Andererseits ist gemäß Gl. (9)

$$\bar{u} = u_{max} - 4{,}07 v_* = v_*\left(5{,}75 \log \frac{r}{k} + 4{,}43\right).$$

---

[1] Für genauere Ermittlungen hätte noch ein kleines Zusatzglied hinzuzukommen, das wir später wenigstens im Endergebnis berücksichtigen wollen.

[2] DARCY [14] leitete aus seinen Versuchen die Gleichung

$$u_{max} - u = 11{,}3 \frac{\sqrt{i}}{r} (r - y)^{3/2}$$

ab (i ist das Gefälle, also

$$= -\frac{1}{g\varrho} \frac{dp}{dx};$$

Längeneinheit ist das Meter); diese Gleichung läßt sich auf die Form von Gl. (8) bringen und liefert dabei

$$f_2\left(\frac{y}{r}\right) = 5{,}08\left(1 - \frac{y}{r}\right)^{3/2},$$

was mit Ausnahme der Wandnähe, wo DARCY keine Messungen gemacht hat, gut zu den modernen Ergebnissen stimmt, s. Abb. 5.

834   Turbulenz und Wirbelbildung

Unter Berücksichtigung von Gl. (13) wird nun

$$\lambda = \frac{8 v_*^2}{\bar{u}^2} = \frac{8}{\left(5{,}75 \log \frac{r}{k} + 4{,}43\right)^2} \approx \frac{1}{\left(2{,}0 \log \frac{r}{k} + 1{,}57\right)^2}. \qquad (15)$$

Dies wird durch den Versuch sehr wohl bestätigt, nur mit der kleinen
Abänderung, daß im Nenner besser 1,74 an Stelle von 1,57 geschrieben
wird. Diese Änderung hängt mit dem in Gl. (10) unterdrückten Zusatzglied zusammen. Die experimentelle Nachprüfung der Formel erfolgt

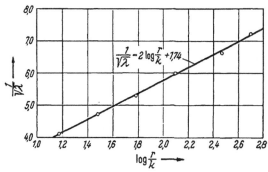

am besten durch Auf-
tragung von $1/\sqrt{\lambda}$ abhängig von $\log(r/k)$. Es
ist nach dem Vorste-
henden

$$\frac{1}{\sqrt{\lambda}} = 2{,}0 \log \frac{r}{k} + 1{,}74. \qquad (16)$$

Abb. 6. Widerstandsgesetz des rauhen Rohres

Es muß sich also beim
Auftragen eine Gerade
ergeben. Abb. 6 zeigt
diese Gerade für sechs
rauhe Rohre nach Messungen von NIKURADSE (s. a. Abb. 9). Es sei
erwähnt, daß die allgemeine Form von Gl. (14) sowie eine zu Gl. (16)
analoge Gleichung für eine auf u_{max} bezogene Widerstandszahl erstmalig
von v. KÁRMÁN angegeben worden ist. Von ihm stammt auch die
geradlinige Auftragung.

Einfluß der Zähigkeit — glattes Rohr

Es war schon erwähnt, daß bei geringerer Rauhigkeit die Zähigkeit
Einfluß gewinnt, natürlich nur auf die Vorgänge in der Randschicht.
Die Rauhigkeiten werden hier mehr oder minder von einer langsamer
gleitenden Flüssigkeitsschicht eingehüllt und werden dadurch für den
Widerstandsmechanismus unwirksam. Man kann hier auch wieder mit
einer Dimensionsbetrachtung vorwärts kommen. Für das, was an der
Wand vorgeht, ist bestimmend die Schubspannung an der Wand und
damit die auf diese Schubspannung bezogene Geschwindigkeit v_*,
ferner das Rauhigkeitsmaß k. Aus diesen beiden läßt sich mit der
kinematischen Zähigkeit nach Analogie zur REYNOLDSschen Zahl eine
Wandkennzahl $v_* k/v$ bilden. Da der Strömungszustand im Inneren
bei festem v_* ungeändert bleibt, handelt es sich nur darum, die Integrationskonstante von Gl. (3) den neuen Verhältnissen anzupassen. Dies
kommt darauf hinaus, daß man an Stelle von k in Gl. (5) bis (7) und

Neuere Ergebnisse der Turbulenzforschung   835

(14) bis (16) eine abgeänderte Rauhigkeitsgröße

$$k' = k f_3 \left(\frac{v_* k}{v} \right)$$

einführt. Über den Verlauf der Funktion f_3 ist nach dem früher Gesagten festzustellen, daß sie für große Werte der Wandkennzahl $= 1$ werden muß, um die früheren Beziehungen wieder zu erhalten. Wir können aber auch sofort einen Schluß darauf ziehen, welche Gestalt die Funktion f_3 für kleine Werte von $v_* k/v$ annehmen muß. *Die Beobachtungen zeigen, daß bei geringfügiger, aber sehr wohl noch feststellbarer Rauhigkeit das rauhe Rohr sich in bezug auf seinen Widerstand von einem vollkommen glatten Rohr praktisch nicht mehr unterscheidet*, vorausgesetzt, daß die REYNOLDSsche Zahl nicht ungewöhnlich hoch ist. Ein derartiges Verhalten können wir bekommen, wenn wir

$$f_3 \left(\frac{v_* k}{v} \right) = \text{Zahl} \cdot \frac{v}{v_* k}$$

setzen; denn auf diese Weise fällt k aus den eben aufgezählten Formeln fort und wird durch $\left(\text{Zahl} \cdot \frac{v}{v_*} \right)$ ersetzt. Die Versuche bestätigen dieses Ergebnis sehr gut und zeigen bezüglich der Zahl, die die Dimensionsbetrachtung noch offen läßt, daß statt unseres früheren Wertes $k/30$ nunmehr $v/9v_*$ gesetzt werden muß. An Stelle von Gl. (5a) ergibt sich jetzt die *Formel für die Geschwindigkeitsverteilung im Rohr*

$$u = v_* \left(5{,}75 \log \frac{v_* y}{v} + 5{,}5 \right). \tag{17}$$

Trägt man u/v_* abhängig von $\log(v_* y/v)$ auf, so ergibt sich eine Gerade, die sämtliche einigermaßen wandnahen Punkte für die ausgebildeten Geschwindigkeitsprofile aller glatten Rohre enthalten muß. Eine Ausnahme bilden nur die Werte bei sehr kleinen ,,dimensionslosen Wandabständen" $v_* y/v$, bei denen sich noch eine Beeinflussung der Turbulenz durch die Zähigkeit ergibt. Bis auf die in der Fußanmerkung 1 auf Seite 836 erwähnte Zusatzfunktion gilt auch Gl. (17) bis zur Rohrmitte. Die in Abb. 7 eingetragenen Versuchspunkte enthalten in Wirklichkeit nicht bloß die wandnahen Teile, sondern reichen bis nahe an die Rohrmitte heran. Man kann deshalb kleine systematische Abweichungen von der Geraden bemerken, die natürlich bei einer genaueren Theorie zu berücksichtigen sind [*18*].

In Abb. 7 ist zum Vergleich noch das auf Grund der BLASIUSschen Rohrreibungsformel ermittelte Geschwindigkeitsverteilungsgesetz

$$\frac{u}{v_*} = 8{,}7 \left(\frac{v_* y}{v} \right)^{1/7} \tag{18}$$

durch eine gestrichelte Linie angegeben. Man erkennt, daß es in einem mittleren Bereich, über den früher allein Messungen vorlagen, praktisch

836   Turbulenz und Wirbelbildung

mit der Geraden von Gl. (17) übereinstimmt, darunter und darüber
aber erheblich abweicht. In der Tat hatte man schon seit längerem
festgestellt, daß bei höheren REYNOLDSschen Zahlen an Stelle der
siebenten Wurzel die achte, neunte usw. tritt. Die Erklärung für dieses
Verhalten ist nunmehr offensichtlich, da jetzt das Gesetz der siebenten
Wurzel nur als eine Näherungsformel für das eigentliche Gesetz, das

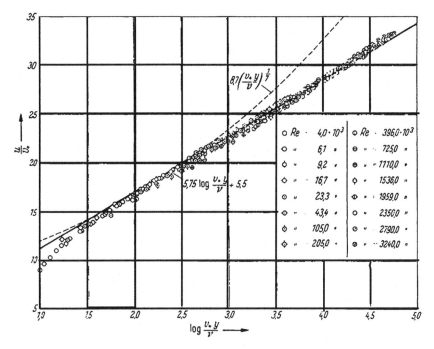

Abb. 7. Gesetz für die Geschwindigkeitsverteilung im glatten Rohr

durch Gl. (17) dargestellt ist, erscheint, wobei die besonderen Zahl-
werte der Näherungsformel natürlich noch von dem Bereich abhängen,
innerhalb dessen sie mit der genauen Formel übereinstimmen sollen[1].

Für die *Widerstandszahl* erhält man aus Gl. (16) durch die gleiche
Änderung

$$\frac{1}{\sqrt{\lambda}} = 2{,}0 \log \frac{v_* \, r}{v} + 0.5.$$

---

[1] Unterhalb $\log (v_* \, y/v) = 2{,}0$ zeigt auch die Gerade von Gl. (17) deutliche
Abweichungen von den Meßpunkten. Hierin ist ein Einfluß der Zähigkeit zu erkennen. Wenn man von den kleinsten überkritischen REYNOLDSschen Zahlen
absieht, betrifft diese Abweichung aber nur eine sehr dünne Schicht nahe der
Rohrwand.

Neuere Ergebnisse der Turbulenzforschung   837

Hierbei kann noch unter Berücksichtigung von Gl. (13)

$$\frac{v_* r}{\nu} = \frac{\bar{u} r}{\nu}\frac{v_*}{\bar{u}} = \frac{\bar{u} d}{\nu}\sqrt{\lambda}\frac{1}{2\sqrt{8}}$$

gesetzt werden. Mit $\bar{u}\,d/\nu = Re$ ergibt sich somit

$$\frac{1}{\sqrt{\lambda}} = 2{,}0\log\left(Re\sqrt{\lambda}\right) - 1{,}0. \tag{19}$$

Die Prüfung dieser Formel durch den Versuch ist von NIKURADSE [20] bis zur REYNOLDSschen Zahl von $3{,}4\cdot10^6$ durchgeführt worden und hat eine vorzügliche Geradlinigkeit ergeben. Es muß nur unter Berücksichtigung der mehrfach erwähnten Zusatzfunktion der Zahlwert $-1{,}0$ in $-0{,}8$ umgeändert werden; sodann lautet die *endgültige Formel für die Widerstandszahl*

$$\frac{1}{\sqrt{\lambda}} = 2{,}0\log\left(Re\sqrt{\lambda}\right) - 0{,}8. \tag{20}$$

Die Berechnung der Widerstandszahl, die zu einem bestimmten gegebenen Wert der REYNOLDSschen Zahl gehört, macht keine besonderen Schwierigkeiten, obgleich $\sqrt{\lambda}$ auf der rechten Seite noch einmal

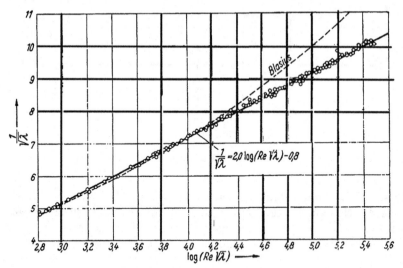

Abb. 8. Widerstandsgesetz im glatten Rohr nach Gl. (20) mit Versuchswerten

vorkommt. Man kann nämlich erst auf der rechten Seite irgendeinen Wert von $\sqrt{\lambda}$ passend annehmen und damit $1/\sqrt{\lambda}$ berechnen und braucht nur, wenn die Abweichung zu groß war, das Verfahren noch einmal zu wiederholen. Der Verlauf von λ abhängig von Re nach Gl. (20) ist in Abb. 8 zusammen mit den Versuchswerten dargestellt. Durch einen

838   Turbulenz und Wirbelbildung

besonderen Glückszufall stimmt diese Formel bis zu den kleinsten
überkritischen REYNOLDSschen Zahlen herunter mit den Versuchen
überein.

Rauhes Rohr

Wir wenden uns nun noch einmal zu dem allgemeinen Problem des
rauhen Rohres. Auf Grund von bisher unveröffentlichten Göttinger
Messungen von NIKURADSE ergibt sich über den Verlauf der Wider-

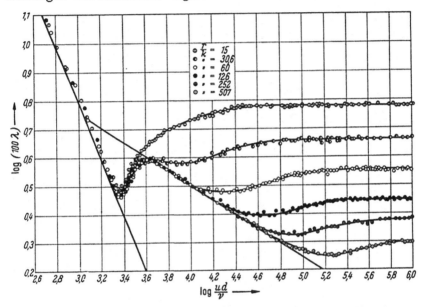

Abb. 9. Widerstandszahlen λ von rauhen Rohren. Die Kurvenschar beruht auf Versuchen an
Rohren mit gut definierter Rauhigkeit, hervorgebracht durch auf die Rohrwand geklebte
Sandkörner bestimmter und von Rohr zu Rohr verschiedener Größe k

standszahl abhängig von der REYNOLDSschen Zahl bei Rohren verschiedener relativer Rauhigkeit k/r das in Abb. 9 wiedergegebene Bild.
Die Zustände links von der kritischen REYNOLDSschen Zahl stellen den
laminaren Zustand (die „schlichte" Strömung) dar. Man sieht, daß
hier sehr wenig Unterschied zwischen den glatten und rauhen Rohren
besteht. Die Kurven rücken aber sofort stark auseinander, sobald die
Turbulenz einsetzt, d. h. oberhalb von Re_{krit}. Die Kurven für die
kleineren Rauhigkeiten laufen zunächst entlang der Kurve für das
glatte Rohr und heben sich der Reihe nach von dieser ab.

Nach den vorausgegangenen Darlegungen ist der Weg zur Auf-
findung einer einheitlichen Gesetzmäßigkeit für den turbulenten Teil
vorgegeben. Als Abszisse werden wir die Wandkennzahl $v_* k/\nu$ oder
ihren Logarithmus wählen, als Ordinate werden wir eine Größe wählen,

Neuere Ergebnisse der Turbulenzforschung   839

die nach den Gesetzmäßigkeiten der voll ausgebildeten Rauhigkeitsströmung konstant ist. Man kann also z. B. die Größe

$$\frac{1}{\sqrt{\lambda}} - 2{,}0 \log \frac{r}{k}$$

wählen, oder, wenn man die entsprechende Gesetzmäßigkeit für die Geschwindigkeitsverteilung sucht, die Größe

$$\frac{u}{v_*} - 5{,}75 \log \frac{y}{k}.$$

Die Auftragung dieser beiden Größen auf Grund der Versuchsergebnisse bringt in der Tat die mit sehr verschiedenen Rauhigkeiten gemessenen

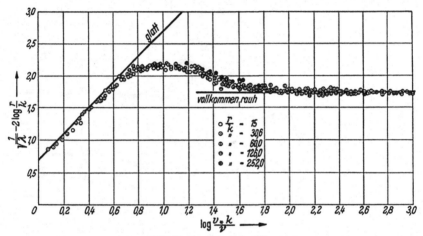

Abb. 10. Rauhigkeitsfunktion

Versuchspunkte nahezu auf je eine einzige Kurve. Die beiden Kurven selbst stimmen auch untereinander noch bis auf den Maßstab überein, wie dies aus den hier dargelegten Zusammenhängen hervorgeht. Das ganze Rohrproblem hat hiermit auf Grund einer Verknüpfung von wenigen Erfahrungswerten mit theoretischen Schlüssen eine sehr umfassende Lösung gefunden. Was noch zu tun bleibt, ist, die Kurve von Abb. 10, die bisher nur für die besondere, von uns untersuchte Sandkornrauhigkeit festgestellt worden ist, auch noch für andere Formen der Rauhigkeit zu ermitteln. Versuche in dieser Richtung sind zur Zeit in Vorbereitung.

Übertragung auf andere Fälle

Plattenwiderstand — beschleunigte und verzögerte Strömungen

Von dem Verhalten der Rohrströmung hat man schon früher, als das BLASIUSsche Widerstandsgesetz

$$\lambda = 0{,}316 \left(\frac{\bar{u}\, d}{\nu} \right)^{-1/4}$$

das Feld beherrschte, auf den Reibungswiderstand von längs angeströmten *Platten* geschlossen [*15* und *16*]. Die Rechnung ging so vor sich, daß man nach dem „Impulssatz" die durch die Reibung bewirkte Abnahme der Bewegungsgröße der Strömung abhängig von der bestromten Plattenlänge gemäß den Gesetzmäßigkeiten für die Geschwindigkeitsverteilung formelmäßig darstellte und nun zum Ausdruck brachte, daß diese Abnahme für die Längeneinheit längs der Platte gleich der Reibungskraft für die Längeneinheit war. Mit dem so erhaltenen Gesetz für die Reibungswiderstandszahl c_f (Widerstand dividiert durch Körperoberfläche und Staudruck):

$$c_f = 0,074 \left(\frac{v\,l}{v} \right)^{-1/5} \tag{21}$$

(l = Plattenlänge, v = Geschwindigkeit der Platte) hat man ähnliche Abweichungen gegenüber den Versuchsergebnissen festgestellt, wie dies beim Rohrwiderstand der Fall war. Es lag nahe, das verbesserte Rohrströmungsgesetz nun auch auf die Platte zu übertragen. Die Rechnungen werden hier ziemlich unbequem. Sie sind erstmalig von v. KÁRMÁN [*13, 21*] durchgeführt worden. Eine Neuberechnung auf einem etwas anderen Weg stammt vom Verfasser [*18*], der eine Zahlentafel mitteilt, deren Werte sehr befriedigend mit Messungen von KEMPF übereinstimmen. Die Werte der Zahlentafel ließen sich durch die folgende von H. SCHLICHTING ermittelte *Näherungsformel* wiedergeben, die allerdings nur eine Interpolationsformel darstellt, aber in dem ganzen praktischen Bereich der turbulenten Strömung brauchbar ist; sie lautet:

$$c_f = \frac{0,455}{\left(\log \dfrac{v\,l}{v} \right)^{2,58}}. \tag{22}$$

Für die rauhe Platte ist eine entsprechende Rechnung auf der Grundlage des in Abb. 10 dargestellten Rauhigkeitsgesetzes durchgeführt worden [*19*].

Von großer Wichtigkeit ist auch das Verhalten der turbulenten Reibungsschicht in einer *beschleunigten oder verzögerten Strömung*. Ein wichtiger Sonderfall, die Strömung in einem erweiterten oder verengten Kanal mit ebenen Seitenwänden, ist für Luft von DÖNCH [*22*], für Wasser von NIKURADSE [*23*] untersucht worden. Wesentlich allgemeinere Vorgänge hat GRUSCHWITZ [*24*] studiert. Auch die Züricher Arbeit von BURI [*25*] muß hier erwähnt werden (beschleunigte Strömung in einer Düse), ferner die Messungen von CUNO in Hannover an einem Flugzeugtragflügel [*27*].

BURI und GRUSCHWITZ haben nun in etwas voneinander verschiedener Weise den sehr wichtigen Versuch gemacht, Rechenvorschriften zu finden, nach denen man den Verlauf der Vorgänge in der Reibungs-

schicht rein rechnerisch verfolgen kann. Das BuRIsche Verfahren ist
das einfachere, das von GRUSCHWITZ das vollkommenere. Der Raum-
mangel verbietet leider, hier nähere Angaben über diese nicht ganz
einfachen Rechnungen zu machen. Mit diesen Verfahren ist es möglich,
den Verlauf der Reibungsschicht bei vorgegebener Druckverteilung rein
rechnerisch vorherzusagen und unter Umständen auch die wichtige
Feststellung zu machen, ob diese Strömung so, wie angenommen, an
der Wand entlang gehen oder ob sich irgendwo eine Ablösung ereignen
wird. Ein weiterer Versuch, auf diese Weise die wirklichen Eigenschaften
eines Tragflügels einschließlich Profilwiderstand und Höchstauftrieb
rechnerisch vorauszusagen, ist zur Zeit in Arbeit. Wenn er befriedigende
Übereinstimmung mit den Versuchen ergäbe, so würde das einen sehr
erheblichen Fortschritt bedeuten.

Weitere Aufgaben

Gekrümmte Strömungen

Die Untersuchung von Strömungen in stark gekrümmten Kanälen
[30, 31] zeigte, daß, abgesehen von den hier an den seitlichen Wänden
auftretenden, auch von älteren Verfassern schon beschriebenen „Sekundärströmungen"[1] auch der eigentliche Turbulenzmechanismus hier
wesentlich abgeändert ist. Beide Arten von Vorgängen hängen damit
zusammen, daß die schneller an der krummen Wand entlangströmenden
Flüssigkeitsteile stärkere Zentrifugalkräfte entwickeln als die langsamer strömenden. Es trachten also die schnelleren Teile, unter Verdrängung der langsameren, an die Außenwand zu kommen. Da aber
die unmittelbar an der Wand befindlichen Teile immer erneut durch
Reibung abgebremst werden, ergibt sich auf der Außenseite des Kanals
durch Verdrängung dieser langsameren Teile nach innen ein erheblich
verstärkter Austausch; auf der Innenseite sammelt sich dagegen die
langsamere Strömung an, und der Austausch ist hier erheblich verringert.

Die Vorgänge sind weitgehend ähnlich denjenigen bei der Strömung
einer Flüssigkeit über eine *erhitzte* oder eine *abgekühlte Bodenfläche.*
Im ersten Fall streben die erwärmten und gleichzeitig gebremsten Teile
durch hydrostatischen Auftrieb von der Wand fort, im zweiten Fall
(Kühlung) werden sie infolge ihrer höheren Dichte gerade in der Wandnähe festgehalten [11, 32], so daß in dem ersten Fall die turbulente
Reibung verstärkt, im zweiten Fall abgeschwächt wird. Da über beide
Erscheinungsgruppen in Göttingen Versuche gemacht bzw. in Arbeit
sind, wird sich eine zahlenmäßige Erfassung auch dieser Einflüsse er-
hoffen lassen.

---

[1] Schrifttum bei H. NIPPERT, VDI-Forschungsheft 320, Berlin 1929.

842   Turbulenz und Wirbelbildung

Flüssigkeitsstrahlen und Nachlaufvorgänge

Eine andere Art von wichtigen Vorgängen betreffen die turbulente
Ausbreitung von Flüssigkeitsstrahlen und die Nachlaufvorgänge hinter
bewegten Körpern.

Die Grenzen eines Strahles, der z. B. aus einer größeren Öffnung
kommt (Ausfluß aus einer Düse od. dgl.), sind bekanntlich stark instabil und gehen bei der Auflösung in ein mehr oder minder unregel-
mäßiges Wirbelsystem über. Auch für diese Art von Vorgängen hat
sich der Begriff des Mischungsweges bewährt, und es war möglich,
mit Hilfe der einfachen Annahme, daß der Mischungsweg in einem
Querschnitt jeweils konstant und proportional der dortigen Breite der
Mischungszone sei, die Gestalt der Vermischungszone und die Geschwindigkeitsverteilung in ihr in sehr befriedigender Weise vorauszusagen,
wobei nur die Verhältniszahl

Mischungsweg : Breite der Vermischungszone

aus den Versuchen entnommen werden mußte [*28, 29*; vgl. auch *9, 10, 36*].

Beziehungen zum Wärmeaustausch

Mit dem turbulenten Geschwindigkeitsaustausch steht in ziemlich
engen Beziehungen der Wärmeaustausch. Soweit es sich um die Strömung längs einer Wand handelt, hat dabei, wie Versuche von ÉLIÁS [*33*]
zeigten, die Austauschgröße genau denselben Wert, so daß die Kurve
der Temperaturverteilung mit der der Geschwindigkeitsverteilung
übereinstimmt. Für die Vorgänge bei der Nachlaufströmung hinter
bewegten Körpern hat jedoch kürzlich TAYLOR [*34*] gezeigt, daß hier
der Wärmeaustausch doppelt so stark ist wie der Austausch der Geschwindigkeit, so daß also die Temperatur- und die Geschwindigkeits-
kurve merklich verschiedene Gestalt haben[1]. TAYLOR konnte auch
zeigen, daß theoretisch der erstere Zustand (gleiche Gestalt dieser

---

[1] TAYLOR weist nach, daß in diesem Fall die *Drehungsstärke* der Hauptbewegung in derselben Weise ausgetauscht wird wie die Wärme. Die Austauschgröße
ist $= \varrho\, l^2 \dfrac{du}{dy}$, die Drehungsstärke bei Parallelbewegung aber du/dy, das Gefälle der Drehungsstärke in der Richtung y also d^2u/dy^2. TAYLOR zeigt, daß dann

$$\frac{\partial \tau}{\partial y} = \varrho\, l^2 \frac{du}{dy} \frac{d^2u}{dy^2}$$

ist, was wir für ein in einem Querschnitt konstantes l zu

$$\tau = \frac{1}{2}\, \varrho\, l^2 \left(\frac{du}{dy}\right)^2$$

integrieren können. Der Faktor $\frac{1}{2}$ in dieser Formel unterscheidet sie von unserer
Gl. (2).

Neuere Ergebnisse der Turbulenzforschung   843

Kurven) zu erwarten ist, wenn die Wirbelachsen der Störungsbewegung parallel zu den Stromlinien der Hauptbewegung sind, der zweite (Verschiedenheit) aber, wenn sie senkrecht dazu stehen. Unveröffentlichte Göttinger Versuche von P. RUDEN zeigten, daß auch bei der Strahlausbreitung das TAYLORsche Austauschgesetz herrscht.

Es ergibt sich also, daß man bei genauerem Zusehen *zwei Arten der Turbulenz* zu unterscheiden hat, die sich in ihrem Mechanismus unterscheiden. Man wird die eine „Wandturbulenz" und die andere „Strahlturbulenz" nennen können. Daß bei der letzteren die Wirbel der Störungsbewegung überwiegend senkrecht zur Strömungsrichtung stehen, ist aus der Entstehung dieser Wirbel leicht einzusehen. Bei der Wandturbulenz überwiegen gemäß dem ÉLIÁSschen Befund offenbar die Wirbel parallel zu den Stromlinien. Diese nicht unwichtige Feststellung wird vielleicht noch einmal den Weg zu einer eigentlichen Theorie dieser Vorgänge zeigen. Solange man diese noch nicht besitzt, wird man mit halbempirischen Betrachtungen von der hier geschilderten Art zufrieden sein müssen.

Schriftenverzeichnis

Bei diesem Verzeichnis ist in keiner Weise Vollständigkeit angestrebt. Es sind lediglich die Arbeiten angegeben, die unmittelbar mit dem Text in Verbindung stehen. Daneben sind einige wichtige neuere zusammenfassende Darstellungen erwähnt.

I. Zusammenfassung älterer Arbeiten

[1] F. NOETHER, Turbulenzproblem. Z. angew. Math. Mech. Bd. 1 (1921) S. 125; Nachtrag S. 218.

II. Entstehung der Turbulenz

[2] L. PRANDTL, Bemerk. über Entstehung der Turbulenz. Z. angew. Math. Mech. Bd. 1 (1921) S. 431; Phys. Z. Bd. 23 (1922) S. 19.

[3] O. TIETJENS, Beitr. über Entstehung der Turbulenz. Dissertation Göttingen 1922; Auszug Z. angew. Math. Mech. Bd. 5 (1925) S. 200.

[4] W. TOLLMIEN, Entstehung der Turbulenz. Nachr. Ges. Wiss. Göttingen 1929, S. 21.

[5] L. PRANDTL, Entstehung der Turbulenz. Z. angew. Math. Mech. Bd. 11 (1931) S. 407.

[6] H. SCHLICHTING, Entstehung der Turbulenz in einem rotierenden Zylinder. Nachr. Ges. Wiss. Göttingen 1932, S. 160.

[7] H. SCHLICHTING, Stabilität der COUETTE-Strömung. Ann. Phys. 5. Folge, Bd. 14 (1932) S. 905.

Ferner [35] und [36].

III. Ausgebildete Turbulenz

[8] L. PRANDTL, Untersuchungen zur ausgebildeten Turbulenz. Z. angew. Math. Mech. Bd. 5 (1925) S. 136.

[9] L. PRANDTL, Neuere Turbulenzforschung, in Hydraulische Probleme. Berlin 1926.

844   Turbulenz und Wirbelbildung

[10] L. PRANDTL, Ausgebildete Turbulenz. Verhandl. des II. Intern. Kongr. techn.
      Mechanik Zürich 1926, S. 62. Zürich und Leipzig 1927.
[11] L. PRANDTL, On the Rôle of Turbulence in Technical Hydrodynamics.
      Proc. World Eng. Congr. Tokyo 1929, Bd. 5, S. 495. Tokyo 1931.
[12] TH. v. KÁRMÁN, Mechan. Ähnlichkeit und Turbulenz, Nachr. Ges. Wiss.
      Göttingen 1930, S. 58.
[13] TH. v. KÁRMÁN, Mechan. Ähnlichkeit und Turbulenz. Verhandl. des III. In-
      tern. Kongr. techn. Mechanik Stockholm 1930, Bd. 1, S. 94. Stockholm 1931.

                         IV. Rohre und Platten

[14] H. DARCY, Recherches expérimentales relatives au mouvement de l'eau dans
      les tuyaux. Mém. Savants étrangers Bd. 15 (1858) S. 141.
[15] TH. v. KÁRMÁN, Laminare und turbulente Reibung. Z. angew. Math. Mech.
      Bd. 1 (1921) S. 233.
[16] L. PRANDTL, Reibungswiderstand strömender Luft. Ergebnisse der Aero-
      dynamischen Versuchsanstalt Göttingen, III. Lief., S. 1. München-Berlin
      1927.
[17] W. FRITSCH, Einfluß der Wandrauhigkeit auf die turbulente Geschwindig-
      keitsverteilung in Rinnen. Z. angew. Math. Mech. Bd. 8 (1928) S. 199.
[18] L. PRANDTL, Zur turbulenten Strömung in Rohren und längs Platten. Er-
      gebnisse der Aerodynamischen Versuchsanstalt Göttingen, IV. Lief., S. 18.
      München-Berlin 1932.
[19] L. PRANDTL, Diskussion zum „Reibungswiderstand". Hydromechan. Probleme
      des Schiffsantriebs, hrsg. von G. KEMPF und E. FOERSTER, S. 87. Hamburg
      1932.
[20] J. NIKURADSE, Gesetzmäßigkeiten der turbulenten Strömung in glatten Roh-
      ren. VDI-Forschungsheft 356. Berlin 1932.
[21] TH. v. KÁRMÁN, Theorie des Reibungswiderstandes. Hydromechan. Pro-
      bleme des Schiffsantriebs, hrsg. von G. KEMPF und E. FOERSTER, S. 50.
      Hamburg 1932.
Ferner [12], [13], [37] und [38].

                          V. Andere Aufgaben

[22] F. DÖNCH, Divergente und konvergente turbulente Strömungen mit kleinen
      Öffnungswinkeln. Dissertation Göttingen 1925. VDI-Forschungsheft 282.
      Berlin 1926.
[23] J. NIKURADSE, Strömung des Wassers in konvergenten und divergenten
      Kanälen. VDI-Forschungsheft 289. Berlin 1929.
[24] E. GRUSCHWITZ, Die turbulente Reibungsschicht bei Druckabfall und Druck-
      anstieg. Dissertation Göttingen 1931. Ing.-Arch. Bd. 2 (1931) S. 321.
[25] A. BURI, Berechnungsgrundlage für die turbulente Grenzschicht bei beschleu-
      nigter und verzögerter Grundströmung. Dissertation Zürich 1931.
[26] C. B. MILLIKAN, The Boundary Layer and Skin Friction for a Figure of
      Revolution. Trans. Amer. Soc. mech. Engrs., Appl. Mech., Bd. 54 (1932)
      Nr. 2, S. 29.
[27] O. CUNO, Exper. Untersuchung der Grenzschichtdicke und Verlauf längs
      eines Flügelschnittes. Z. Flugtechn. Motorl. Bd. 22 (1932) S. 189.
[28] W. TOLLMIEN, Berechnung turbulenter Ausbreitungsvorgänge. Z. angew.
      Math. Mech. Bd. 6 (1926) S. 468.
[29] H. SCHLICHTING, Das ebene Windschattenproblem. Dissertation Göttingen
      1930. Ing.-Arch. Bd. 1 (1930) S. 533.

Neuere Ergebnisse der Turbulenzforschung   845

[30] A. Betz, Turbulente Reibungsschichten an gekrümmten Wänden. Vortäge Aerodynamik u. verwandte Gebiete (Aachen 1929), hrsg. von A. Gilles, A. Hopf und Th. v. Kármán, S. 10. Berlin 1930.

[31] H. Wilcken, Turbulente Grenzschichten an gewölbten Flächen. Dissertation Göttingen 1929. Ing.-Arch. Bd. 1 (1930) S. 357.

[32] L. Prandtl, Einfluß stabilisierender Kräfte auf die Turbulenz. Vorträge Aerodynamik und verwandte Gebiete (Aachen 1929), hrsg. von A. Gilles, L. Hopf und Th. v. Kármán, S. 1. Berlin 1930.

[33] F. Éliás, Wärmeübergang von einer geheizten Platte an strömende Luft. Abhandl. Aerodyn. Inst. Aachen H. 9 (1930) S. 10.

[34] G. I. Taylor, The Transport of Vorticity and Heat through Fluids in Turbulent Motion. Mit Anhang von A. Fage und V. M. Falkner. Proc. Roy. Soc. London [A] Bd. 135 (1932) S. 685 u. 702.

VI. Neuere zusammenfassende Darstellungen

[35] L. Hopf, Zähe Flüssigkeiten. Handb. Physik, hrsg. von H. Geiger und K. Scheel, Bd. 7, S. 91. Berlin 1932.

[36] W. Tollmien, Turbulente Strömungen. Handb. Experimentalphysik, hrsg. von W. Wien und F. Harms unter Mitarbeit von H. Lenz, Bd. 4, 1. Teil. Leipzig 1931.

[37] L. Schiller, Strömung in Rohren. Handb. von W. Wien und F. Harms, Bd. 4, 4. Teil. Leipzig 1932.

[38] F. Eisner, Reibungswiderstand. Hydromechan. Probleme des Schiffsantriebs, hrsg. von G. Kempf und E. Foerster. Hamburg 1932.

Nachrichten der Akademie der Wissenschaften zu Göttingen, Mathematisch-physikalische Klasse 1945, S. 6—19.

Über ein neues Formelsystem
für die ausgebildete Turbulenz[1]

(Vorgelegt in der Sitzung am 26. Januar 1945)

1. In meinem Bericht gelegentlich des V. Internationalen Mechanik-Kongresses 1938 in Cambridge, USA[2] habe ich schon darauf hingewiesen, daß bisher die formelmäßige Erfassung der Vorgänge der ausgebildeten Turbulenz noch sehr unbefriedigend sei, indem man genötigt sei, mehrere Arten von Turbulenz zu unterscheiden, für die die Rechenregeln jeweils verschieden sind. Zu den älteren Sorten, ,,Wandturbulenz" und ,,freie Turbulenz", war damals noch die zeitlich abfallende ,,isotrope Turbulenz" gekommen, für die die alte Formulierung für die Geschwindigkeitsschwankung $u' = l \dfrac{dU}{dy}$ ihren Sinn verliert, da hier ja $\dfrac{dU}{dy}$ Null ist. Ich habe mir 1938 mit der Annahme geholfen, daß eine irgendwie vorhandene Turbulenz von selbst nach einem in ihr liegenden Zeitgesetz abfällt und daß die wirkliche Turbulenz zu einem Zeitpunkt sich aus den Überresten der Beiträge zusammensetzt, die im Laufe der vorangegangenen Zeiten nach der Mischungswegformel erzeugt worden sind. Da die einzelnen Beträge, aus denen sich die Turbulenz zur Zeit t zusammensetzt, mit ganz zufälligen Phasen zusammentreffen, muß nach einem Satz von LORD RAYLEIGH die Summierung über die *Quadrate* der Schwankungsgrößen vorgenommen werden. Eine Aussage über die Art des zeitlichen Abklingens konnte aus Hitzdrahtmessungen von DRYDEN und anderen gewonnen werden. Dieses Gesetz kann, wenn T eine für den Einzelfall passend bestimmte Zeitkonstante, t die augenblickliche Zeit und t' die Erzeugungszeit der Turbulenz bedeutet, durch die Formel

$$f(t - t') = \frac{1}{1 + \dfrac{t - t'}{T}} \tag{1}$$

dargestellt werden. Die daraus folgende Formel für die augenblickliche Stärke einer im Lauf der Zeit erzeugten Gesamtturbulenz, die in meinem Bericht angegeben ist, ist wegen ihrer Form als bestimmtes Integral wenig handlich und bisher nur für den Fall angewandt worden, wo eine plötzliche Erzeugung der Turbulenz, also ein einziger Wert von t', in Betracht gezogen wird, wodurch natürlich das Integrieren entfällt.

---

[1] Mit einem ergänzenden Zusatz von K. WIEGHARDT.
[2] Vgl. Proceedings V. Intern. Congr. of Appl. Mech., S. 340.

Über ein neues Formelsystem für die ausgebildete Turbulenz   875

2. Die neue Betrachtung geht nun davon aus, auf rationelle Weise *Differentialbeziehungen für die Turbulenzstärke* aufzustellen und auf diese Weise ein Formelsystem zu gewinnen, das sämtliche Arten der ausgebildeten Turbulenz umfaßt. Als Maß für die Turbulenzstärke wird die kinetische Energie der turbulenten Störungsbewegung gewählt. Diese Festsetzung ermöglicht eine Art Energiebilanz und genügt nebenher auch dem Gedanken des RAYLEIGHschen Satzes. Die „Differential-beziehung" besteht darin, daß ein Ausdruck für das Wachsen oder Ab-nehmen dieser Energie für ein individuelles, mit der Grundströmung vorwärts bewegtes Teilchen aufgestellt wird. Die Geschwindigkeits-komponenten der Grundströmung, von der zur Vereinfachung an-genommen wird, daß es sich um eine ebene Strömung handelt, werden mit U und V bezeichnet, diejenigen der Störungsbewegung, von der man weiß, daß sie immer dreidimensional ist, mit u, v, w; der Mittelwert des Druckes heiße P; die Dichte ϱ sei konstant angenommen und werde der Bequemlichkeit halber $= 1$ gesetzt.

Weiter sei zur Vereinfachung angenommen, daß die Geschwindigkeits-komponente U die Komponente V stark überwiegt, so daß von den Affinorkomponenten der Formänderungsgeschwindigkeit $\partial U/\partial y$ die anderen Komponenten

$$\frac{\partial U}{\partial x} = -\frac{\partial V}{\partial y} \quad \text{und} \quad \frac{\partial V}{\partial x}$$

weit hinter sich läßt und daher allein in Betracht gezogen zu werden braucht. Für alle Strömungen von Grenzschichtcharakter trifft diese Annahme zu. Für irgendwelche Strömungen, bei denen U und V gleiche Größenordnung haben, würden die Ansätze verwickelter sein[1].

Die Turbulenzenergie für die Volumeneinheit, E, ist nach vor-stehendem gleich dem zeitlichen Mittelwert von $\frac{1}{2}(u^2 + v^2 + w^2)$ zu setzen, ihre Änderung für ein individuelles Teilchen der Grundströmung wird mit DE/dt bezeichnet; dabei ist

$$\frac{DE}{dt} = \frac{\partial E}{\partial t} + U\frac{\partial E}{\partial x} + V\frac{\partial E}{\partial y}. \tag{2}$$

3. Es sollen nun der Reihe nach diejenigen Einflüsse behandelt werden, durch die solche Änderungen auftreten. Als erstes möge das *Erlahmen der Turbulenz bei Aufhören der Energiezufuhr* behandelt werden. Dieses erfolgt durch die Widerstände, die sich der Weiterbewegung der einzelnen Flüssigkeitsballen entgegenstellen. Unter der Annahme, daß die REYNOLDSsche Zahl der Strömung hinreichend groß ist, werden solche Widerstände durch eine Turbulenz zweiter Stufe an den Rändern des Ballens hervorgerufen und können deshalb nach den Regeln der freien Turbulenz behandelt werden. Für uns genügt es, zu wissen, daß

---

[1] Vgl. hierzu die Fußnote 1, S. 877.

876   Turbulenz und Wirbelbildung

der Widerstand eines Flüssigkeitsballens proportional dem Quadrat
seiner Relativgeschwindigkeit u zur übrigen Flüssigkeit ist und natürlich auch proportional seinem Querschnitt. Der Durchmesser des Flüssigkeitsballens kann dem Mischungsweg l proportional angenommen werden;
damit ist der Widerstand $W \sim l^2 u^2$. Die durch die Bewegung in der
Zeiteinheit verbrauchte Leistung ist $W u$. Das Volumen des Ballens
sei V; somit ergibt sich für die Volumeneinheit

$$\frac{W u}{V} \sim \frac{l^2 u^3}{l^3} \sim \frac{u^3}{l} \cdot$$

Damit wird der erste Anteil von DE/dt, wenn noch $u = \text{Zahl} \cdot \sqrt{E}$
gesetzt wird,

$$\left(\frac{D E}{d t}\right)_{\mathrm{i}} = -\frac{c E^{3/2}}{l} \cdot \tag{3}$$

Wir können Gl. (3) sofort auf die isotrope Windkanalturbulenz an-
wenden, bei der E nur von der Zeit, nicht aber von den Raumkoordinaten
abhängt. Wird, wie hier üblich, $l = \text{konst.}$ gesetzt, so ist

$$\frac{d E}{E^{3/2}} = -\frac{c \, d t}{l}$$

und damit

$$2 E^{-1/2} = \frac{c t}{l} + 2 E_0^{-1/2}$$

oder

$$\sqrt{E} = \frac{1}{\dfrac{1}{\sqrt{E_0}} + \dfrac{c t}{2 l}} ,$$

was in Übereinstimmung mit Gl. (1) eine linear gebrochene Abhängigkeit von der Zeit liefert. Unsere Formeln bekräftigen also in sehr er-
wünschter Weise die Versuchsergebnisse von DRYDEN. Die DRYDENschen
Versuchszahlen liefern offenbar eine Möglichkeit der Bestimmung der
Zahl c, sobald l bekannt ist.

4. Das *Neuschaffen von Turbulenzenergie* regelt sich nach der alten
Betrachtung von O. REYNOLDS, die besonders bequem durch die Abhandlung von H. A. LORENTZ[1] zugänglich ist. In dieser wird durch
Integration der aus den NAVIER-STOKESschen Gleichungen abgeleiteten
Energiegleichung gezeigt, daß in der Zeiteinheit je Volumeneinheit eine
Arbeit $\tau' \dfrac{d U}{d y}$ aus der Energie der Hauptbewegung in diejenige der
turbulenten Nebenbewegung übergeführt wird. Dabei ist $\tau' = \overline{u\,v}$ (Über-
streichungen bedeuten Mittelwertbildung). Nach BOUSSINESQ pflegt man
andererseits $\tau' = \varepsilon \dfrac{d U}{d y}$ zu schreiben, womit die „Austauschgröße" ε

[1] Abhandl. über Theor. Physik Bd. 1, S. 43. Leipzig 1907.

Über ein neues Formelsystem für die ausgebildete Turbulenz   877

definiert wird. Damit ergibt sich der zweite Anteil der zeitlichen Energie-
änderung zu
$$\left(\frac{DE}{dt}\right)_2 = + \varepsilon \left(\frac{dU}{dy}\right)^2.$$

Die Austauschgröße des Impulstransportes ε kann im Hinblick auf
ihre Dimension ($=$ Länge $\times$ Geschwindigkeit) $= k\, l\, \sqrt{E}$ gesetzt werden.
Hierbei ist k eine Zahl, von der man hoffen kann, daß sie konstant ist.
Die Versuchsergebnisse müssen natürlich die Entscheidung liefern[1].
l ist eine Ortsfunktion, die im wesentlichen den alten „Mischungsweg"
darstellt, die aber auch aus Korrelationsmessungen abgeschätzt werden
kann (Korrelation der Störungsgeschwindigkeiten an zwei Stellen abhängig von deren Abstand, vgl. etwa Strömungslehre, S. 120). Mit dem
angegebenen Wert von ε ergibt sich somit

$$\left(\frac{DE}{dt}\right)_2 = k\, l\, \sqrt{E} \left(\frac{dU}{dy}\right)^2. \tag{4}$$

Wenn, wie es bei der ausgebildeten Kanalströmung der Fall ist, der
Turbulenzzustand sich längs einer Stromlinie der Grundströmung nicht
ändert, und vorerst angenommen wird, daß eine seitliche Abwanderung
der Turbulenzenergie nicht vorkommt, wird offenbar

$$\left(\frac{DE}{dt}\right)_1 + \left(\frac{DE}{dt}\right)_2 = 0,$$

also nach Kürzung mit $\sqrt{E}$
$$k\, l \left(\frac{dU}{dy}\right)^2 = \frac{cE}{l},$$
woraus
$$E = \frac{k}{c}\, l^2 \left(\frac{dU}{dy}\right)^2 \tag{5}$$

folgt. Hierbei mag angemerkt werden, daß das Nullsetzen des weg-
gekürzten Faktors $\sqrt{E}$ eine zweite unabhängige Lösung liefert. Diese
ist nichts anderes als die laminare Strömung, die sich also von unserem
energetischem Standpunkt aus mit der turbulenten Strömung gleich-
berechtigt erweist.

---

[1] Bei allgemeineren Grundströmungen, als sie hier betrachtet werden, ist
strenggenommen ε nicht ein Skalar, sondern ein Affinor und wird nur dann zum
Skalar, wenn eine einzige von den neuen Deformationsgrößen, hier dU/dy, alle
anderen soweit überwiegt, daß deren Wirkung auf den Spannungszustand vernachlässigbar bleibt. Hieraus ergibt sich auch, daß möglicherweise für die isotrope
Turbulenz, wo die Kugelsymmetrie des Affinors in anderer Weise auch zu einem
Skalar führt, ein anderer Wert von k auftritt als bei der gewöhnlichen anisotropen
Turbulenz.
Eine andere Angelegenheit ist der bekannte Unterschied zwischen der turbulenten Impulsleitung und der turbulenten Wärmeleitung. Dieser kann dadurch
berücksichtigt werden, daß bei der letzteren ein anderer, nämlich größerer Wert
für k eingeführt wird als bei der ersteren, vgl. etwa Strömungslehre, S. 108.

Setzt man in Gl. (5) $E = |\tau'|\, k/c$, so führt diese auf die Grundgleichung der alten Theorie

$$|\tau'| = l^2 \left(\frac{dU}{dy}\right)^2$$

zurück. Verschiedene Beobachtungstatsachen zeigen indes, daß die Turbulenzenergie das Bestreben hat, von stärker turbulenten Stellen nach Stellen schwächerer Turbulenz abzuwandern. Hiervon wird im nächsten Abschnitt weiter die Rede sein.

Im Hinblick auf diesen Umstand beschränkt sich die wirkliche Gültigkeit von Gl. (5) auf den Fall, daß E und damit nach dem Vorstehenden auch τ' räumlich konstant ist. Das einfachste hierher gehörige Beispiel ist die „Wandturbulenz im unendlich breiten Kanal", für die sich aus Rohrversuchen mit sehr großen Re-Zahlen die Formel für die Geschwindigkeitsverteilung

$$U = \frac{v_*}{\varkappa}\left(\ln \frac{v_* \, y}{\nu} + \text{konst.}\right)$$

als wohl bestätigt erwiesen hat (hierin ist y der Wandabstand, ferner $v_* = \sqrt{\tau'} = $ konst. und $\varkappa$ ein Zahlwert um 0,4 herum). Damit wird $dU/dy = v_*/\varkappa\,y$. Der Mischungsweg l ist, zum mindesten in Wandnähe, proportional zu y, so daß sich hier aus Gl. (5) E konstant ergibt. Solange der Zahlwert von k noch nicht anderweitig festgelegt ist, kann man in diesem Beispiel wie bisher $l = \varkappa\,y$ setzen. Dann ergibt sich aus Gl. (5) die oben in anderer Form schon erwähnte Beziehung

$$E = \frac{k}{c}\,v_*^2, \tag{6}$$

die zur Definition von k verwendet werden kann, sobald, etwa durch Hitzdrahtmessungen, quantitative E-Bestimmungen vorliegen.

Aus der Verknüpfung der Definition von ε (in der neuen Bezeichnung $\varepsilon = \dfrac{v_*^2}{dU/dy}$) mit unserer hier eingeführten Festsetzung $\varepsilon = k\,l\,\sqrt{E}$ läßt sich noch eine weitere, besonders einfache Beziehung herleiten: der erstere Ausdruck wird mit den obigen Werten von dU/dy und l

$$\varepsilon = v_*\,l,$$

der Vergleich mit dem zweiten Ausdruck gibt also $v_* = k\sqrt{E}$. Trägt man diesen Ausdruck in Gl. (6) ein, so findet sich die Beziehung $c = k^3$, woraus sich die Beibehaltung des alten Maßes für l als besonders zweckmäßig erweist.

5. Der schon angekündigte dritte Betrag zur zeitlichen Änderung der Turbulenzstärke ergibt sich durch die Tatsache, daß *die Turbulenzstärke sich in der Richtung ihres Gefälles ausbreitet.* Ganz entsprechend wie bei einem Temperaturgefälle ein Wärmestrom entsteht, ergibt sich ein Strom der Turbulenzenergie in der Richtung ihres Gefälles

Über ein neues Formelsystem für die ausgebildete Turbulenz   879

$S = -\varepsilon_1 \dfrac{\partial E}{\partial y}$. Nach den Ermittlungen von Herrn WIEGHARDT (siehe den unten folgenden Beitrag) scheint ε_1 etwas kleiner zu sein als das von Abschn. 4. Analog zur Formel für ε wird $\varepsilon_1 = k_1\, l\sqrt{E}$ geschrieben. Der dritte Betrag zu DE/dt ergibt sich dabei ganz wie bei den entsprechenden Betrachtungen für den Wärmestrom zu

$$\left(\frac{DE}{dt}\right)_3 = -\frac{\partial S}{\partial y} = +\frac{\partial}{\partial y}\left(\varepsilon_1 \frac{\partial E}{\partial y}\right). \tag{7}$$

Die durch diese Gleichung geregelte Verschiebung von Turbulenzenergie von Gebieten größerer zu solchen geringerer Turbulenzstärke macht sich sowohl in der Achsennähe der gewöhnlichen Kanalströmung, wo die Neuschaffung von Turbulenz unterbleibt, wie auch am Rand der Reibungsschicht gegen die Potentialströmung sehr bemerkbar und führt zu einer Schwächung der Turbulenz in dem angrenzenden Turbulenzgebiet. Mit dem letzteren Umstand dürfte die auffallende Abweichung des Geschwindigkeitsprofils in diesen Gebieten von dem aus $\tau' = \left(l\,\dfrac{dU}{dy}\right)^2$ gerechneten zusammenhängen, durch die [vgl. Gl. (II) im folgenden Absatz] das Mittelstück bzw. das wandferne Stück des Profils wegen Vergrößerung von dU/dy über die dortigen Teile des primitiv gerechneten Profils hinausgehoben wird.

6. Aus der Summe der Beiträge von Gl. (3), (4) und (7) ergibt sich nun die *erste Hauptgleichung* unserer Aufgabe zu

$$\frac{DE}{dt} = -c\,\frac{E\sqrt{E}}{l} + k\,l\sqrt{E}\left(\frac{dU}{dy}\right)^2 + \frac{\partial}{\partial y}\left(k_1\,l\sqrt{E}\,\frac{\partial E}{\partial y}\right). \tag{I}$$

Es mag bemerkt werden, daß auch diese Gleichung durch $\sqrt{E}$ gekürzt werden kann, so daß die auf S. 9 gemachte Bemerkung, daß $E = 0$, d. h. die Laminarströmung ebenfalls eine Lösung ist, auch für die vollständige Gleichung gilt. Zu Gl. (I) tritt nun als zweite die Beziehung

$$\tau' = \varepsilon\,\frac{dU}{dy} = k\,l\sqrt{E}\,\frac{dU}{dy}. \tag{II}$$

Hierin kann die scheinbare Schubspannung τ' mit Hilfe geeigneter Impulssätze aus der Grundbewegung U, V ermittelt werden ($\partial \tau'/\partial y$ tritt in der durch das Scheinreibungsglied ergänzten ersten EULERschen Gleichung der Grundbewegung auf). Die Gl. (II) verknüpft also die Turbulenzstärke E noch auf eine zweite Weise mit der Grundströmung.

Zur Prüfung des im vorstehenden entwickelten Formelsystems sollen alle geeigneten bisher vorliegenden quantitativen Angaben über turbulente Strömungen ausgewertet werden, nicht nur die auf turbulente Impulsausbreitung bezüglichen, sondern auch diejenigen, die sich z. B. mit der Ausbreitung von Wärme, Stoffbeimengungen u. dgl. in

880   Turbulenz und Wirbelbildung

isotroper und anisotroper Turbulenz befassen. Es steht zu hoffen, daß
diese Durchmusterung der vorhandenen Beobachtungen über die von
der Theorie noch offengelassenen Konstanten c, k und k_1 Klarheit
verschaffen wird (die nach dem früher Gesagten natürlich auch darin
bestehen kann, daß für verschiedene Arten von Turbulenz auch diese
Zahlen verschieden ausfallen), darüber hinaus aber natürlich auch auf-
zeigen wird, inwieweit die Theorie noch ergänzt werden muß.

7. Das hier entwickelte Gleichungssystem (I), (II) liefert durch die
Art seines Aufbaues alle Affinitätsbeziehungen der älteren Turbulenztheorie unverändert wieder. Je nach der gerade vorliegenden Aufgabe
kann es in verschiedener Weise ausgewertet werden. Wenn z. B. eine
stationäre Grundströmung mit allen Angaben bekannt ist (also U, V
und P als Funktionen von x und y), dann lassen sich die Stromlinien
der mit der Grundströmung bewegten Teilchen ermitteln, und es läßt
sich dadurch die zeitliche Änderung der Turbulenzstärke durch ihre
Änderung längs der Stromlinie ausdrücken:

$$\frac{DE}{dt} = \sqrt{U^2 + V^2}\,\frac{dE}{ds}.$$

Da sich aus den Aussagen auch τ' abhängig von x und y ermitteln
läßt, kann aus Gl. (II) ε ermittelt werden. Daraus folgt mit $\varepsilon = k\,l\sqrt{E}$

$$l = \frac{\varepsilon}{k\sqrt{E}},$$

was in Gl. (I) eingetragen werden kann, so daß hier nun außer bekannten
Funktionen nur noch E als Unbekannte auftritt. Wenn es gelingt, unter
Heranziehung der Grenzbedingungen den Verlauf von E zu ermitteln,
dann folgt aus der eben angegebenen Beziehung auch l. Im allgemeinen
wird die Aufgabe sehr schwierig sein. Für spezielle Aufgaben, so z. B.
für die stationäre ebene Strahlrandströmung, werden jedoch alle Größen,
die gegebenen wie die gesuchten, Funktionen von $\eta = y/x$, wodurch
das Problem in eine gewöhnliche Differentialgleichung zweiter Ordnung
für $E(\eta)$ übergeführt wird. Eine Rechnung dieser Art befindet sich zur
Zeit in Durchführung.

Wenn man über die Grundströmung noch keine Angaben besitzt,
dann kann versuchsweise so verfahren werden, daß man l als Funktion
der Raumkoordinaten vorgibt. Man hat dann für E, U, V, P und τ'
die Gl. (I) und (II) sowie die drei Bewegungsgleichungen der Grundströmung (x- und y-Komponente und Kontinuität), so daß grundsätz-
lich alle Funktionen ermittelt werden können. Die Rechnung hat allerdings nur dann Aussicht auf Bewältigung, wenn etwa nach Grenzschicht-
art $P = P(x)$ gegeben ist (wobei die y-Gleichung der Grundströmung
entfällt), oder wenn alle Stromlinien parallele Geraden sind, wie dies
einerseits bei der Kanalströmung zwischen parallelen Wänden, anderer-

Über ein neues Formelsystem für die ausgebildete Turbulenz   881

seits aber auch bei gewissen nichtstationären Strömungen längs einer
ebenen Wand der Fall ist. In diesem Fall lassen sich aus den nicht
schon identisch verschwindenden Gleichungen E und U ermitteln. Versuche dieser Art sind zur Zeit im Werden. In dieselbe Klasse gehören
auch die stationären Nachlaufströmungen, wenn die Nachlaufgeschwin-
digkeiten klein genug sind, um sie bei der Ermittlung der Stromlinien-
gestalt gegen die Hauptströmung U_0 zu vernachlässigen. Für die grenz-
schichtartigen Strömungen scheint eine zweite Möglichkeit in der Art
zu bestehen, daß man, wenn der Druck als Funktion von x vorgegeben
ist, ausgehend von einem Querschnitt $x =$ konst., in dem E und U als
Funktionen von y bereits bekannt sind, mit einem Schritteverfahren
nach wachsenden Werten von x vordringt. Hierdurch wäre es also z. B.
möglich, irgendwelche Strömungen mit Druckanstieg und Druckabfall
rechnerisch zu verfolgen.

Zwei Fragengruppen sind bisher bewußt beiseite gelassen worden,
einmal die Rolle der Zähigkeit in der unmittelbaren Wandnähe und
die innere Struktur des einzelnen Flüssigkeitsballens, bei der die Zähigkeit auch eine fundamentale Rolle spielt. Es steht zu hoffen, daß auch
diese Fragen noch werden bewältigt werden können. Bezüglich der
letzteren Aufgabe liegen die Dinge ja so, daß unsere Hauptgleichungen,
allerdings vervollständigt auf eine dreidimensionale Grundströmung,
auf die Vorgänge im Inneren des einzelnen Flüssigkeitsballens auch
angewandt werden können, sofern die REYNOLDSsche Zahl hoch genug
liegt, daß auch die innere Turbulenz zweiter Stufe im Ballen noch nicht
wesentlich durch die Zähigkeit beeinflußt wird. Von dieser steigt man
aber durch eine Turbulenz dritter Stufe usw. herunter bis zu einer
solchen REYNOLDSschen Zahl $l\sqrt{E}/\nu$, bei der die Zähigkeit wesentlich
wird. Die nach dem REYNOLDSschen Satz der Turbulenz zugeführte
Arbeitsleistung überträgt sich von der Turbulenz erster Stufe auf diejenige der zweiten, dritten usw., wobei in steigendem Maß Reibungs-
wärme durch Zähigkeit erzeugt wird, bis der Rest der ursprünglichen
Energie auf diese Weise quantitativ in Wärme verwandelt ist. Es wird
vermutet, daß wenigstens ein allgemeiner Überblick über diesen Vorgang wird gewonnen werden können.

Ein weiteres Problem, das ebenfalls außerhalb unserer Betrachtung
steht, aber auch sehr bedeutungsvoll ist, betrifft die Fragen nach der
Wirkung einer statischen oder dynamischen Stabilität der Grundströmung auf die Ausbildung der Turbulenz, umfaßt also das Fragengebiet,
das mit der RICHARDSONschen Zahl zusammenhängt. Hier wird man
vielleicht zu einem Erfolg kommen können, wenn man erst die Be-
wegungsverhältnisse für den einzelnen relativ zur übrigen Flüssigkeit
bewegten Turbulenzballen wenigstens qualitativ etwas näher studiert
haben wird. In der meteorologischen Strömungslehre sind gerade diese

882   Turbulenz und Wirbelbildung

Dinge von grundsätzlicher Bedeutung und haben sicher erheblichen
Einfluß auf das ganze Wettergeschehen; aber auch für den inneren
Zustand von rotierenden Flüssigkeitsmassen scheinen sie von Wichtig-
keit zu sein.

Zusatz von K. Wieghardt

Die wichtigste praktische Aufgabe wird zunächst die sein, aus geeigneten Versuchen vorläufige Zahlenwerte für die drei wesentlichen
Konstanten der Theorie c, k und k_1 herzuleiten. Dieser Aufgabe hat
sich freundlicherweise Herr K. WIEGHARDT unterzogen. Er berichtet
im folgenden darüber.

Zur Erprobung der obigen Theorie im einzelnen und vor allem zur
Ermittlung der darin vorkommenden Zahlenkonstanten, steht noch verhältnismäßig wenig Versuchsmaterial zur Verfügung. Denn das Formelsystem (I) und (II) handelt von der Energie der turbulenten Neben-
bewegung $E = \frac{1}{2}(\overline{u^2} + \overline{v^2} + \overline{w^2})$; die meisten Hitzdrahtmessungen be-
schränken sich aber auf die turbulente Längsschwankung $u' = \sqrt{\overline{u^2}}$
(bei $U \gg V, W$), da diese Komponente meßtechnisch am einfachsten
zu bestimmen ist. Bei der alten Mischungswegtheorie dagegen wurden
alle theoretischen Annahmen über die Nebenbewegung summarisch durch
den Mischungsweg erfaßt, der durch die Formel

$$\frac{\tau}{\varrho} = l^2 \left| \frac{dU}{dy} \right| \frac{dU}{dy}$$

direkt mit Größen der Hauptbewegung verknüpft war.

Abgesehen von einer mehr qualitativen Untersuchung von A. FAGE
und H. C. H. TOWNEND[1] sind bisher für keine Strömung wirklich alle
drei Schwankungskomponenten gemessen worden. Wir können jedoch
in den beiden folgenden Beispielen diesen Mangel durch plausible Annahmen über die Nebenbewegung ausgleichen.

a) Strömung hinter einem Turbulenzgitter

Hinter einem Turbulenzgitter (Maschenweite oder Gitterabstand M)
ist in größerer Entfernung x/M die Turbulenz isotrop: $\overline{u^2} = \overline{v^2} = \overline{w^2}$,
was auch durch Messungen bestätigt wurde. Hier gilt also einfach
$E = \frac{3}{2}\overline{u^2} = \frac{3}{2}u'^2$. Da die Hauptbewegung eindimensional ist: $U = \text{konst.}$,
$V = W = 0$, so reduziert sich Gl. (I) auf

$$U \frac{dE}{dx} = -c \frac{E^{3/2}}{l}.$$

Der Mischungsweg l ist hier konstant, und zwar ist nach Messungen von
G. CORDES[2] und R. GRAN OLSSON[3] in einiger Entfernung vom Gitter

---

[1] Proc. Roy. Soc. London A Bd. 135 (1932) S. 657.
[2] Ing.-Arch. Bd. 8 (1937) S. 245.
[3] Z. angew. Math. Mech. Bd. 16 (1936) S. 257.

Über ein neues Formelsystem für die ausgebildete Turbulenz   883

(gemessen bis $x/M = 14$) $l/M = 0,10$. Nehmen wir an, daß dies auch
noch in der großen Entfernung gilt, wo die mittlere Hauptbewegung
ausgeglichen und die Turbulenz isotrop ist, so lautet die Lösung der
Differentialgleichung (I):

$$\frac{U}{u'} - \frac{U}{u_0'} = c \frac{1}{2} \sqrt{\frac{3}{2}} \frac{x/M}{l/M},$$

vgl. Nr. 3, wo $\sqrt{E}$ entspricht $\sqrt{\frac{3}{2}}\, u'$. Aus Messungen von H. L. DRYDEN
sowie L. F. G. SIMMONS und C. SALTER, die G. I. TAYLOR[1] zusammen-
gestellt hat, folgt zunächst tatsächlich eine lineare Abhängigkeit des
U/u' von x/M, und zwar wird

$$\frac{U}{u'} - \frac{U}{u_0'} = \frac{5}{A^2} \frac{x}{M},$$

wo A je nach Art der Gitter bzw. Siebe zwischen 1,95 und 2,20 schwankt.
Für c ergibt sich daraus mit dem obigen Wert für l/M:

$$c = 2 \sqrt{\frac{2}{3}} \frac{l}{M} \frac{5}{A^2} = 2 \sqrt{\frac{2}{3}} \cdot 0,10 \cdot \frac{5}{(1,95 \text{ bis } 2,20)^2},$$

also
$$c = 0,21 \text{ bis } 0,17.$$

b) Kanalströmung

Die einfachste Strömung, bei der alle drei Glieder der Gl. (I) auf-
treten und die so die Bestimmung der drei Konstanten c, k und k_1
ermöglicht, ist die Kanalströmung zwischen zwei ebenen Platten. Dieser
Fall ist im Hinblick auf die Turbulenzgrößen ziemlich vollständig von
H. REICHARDT[2] in einem Spezialwindkanal untersucht worden. Der
Plattenabstand betrug $2H = 24,4$ cm, die größte Geschwindigkeit in
Kanalmitte war $U_{max} = 100$ cm/sec, so daß sich die Re-Zahl auf
$Re = U_{max} H/\nu = 8750$ belief. Außer der Geschwindigkeitsverteilung
$U(y)$ (y = Wandabstand) wurden mit besonders für diesen Zweck ent-
wickelten Hitzdrahtanordnungen $\overline{u^2}$, $\overline{v^2}$ und $\overline{u\,v} = \tau'/\varrho$ gemessen. Da
wir zur Berechnung von E auch $\overline{w^2}$ brauchen, setzen wir in Ermangelung
etwas Besserem $\overline{w^2} = \overline{v^2}$, also $E = \frac{1}{2}(\overline{u^2} + 2\overline{v^2})$; d. h. wir nehmen an,
daß die Nebenbewegung hauptsächlich aus Wirbeln besteht, deren
Achsen parallel zur Strömungsrichtung laufen. Nach den erwähnten
Beobachtungen von FAGE und TOWNEND liegt $\overline{w^2}$ genauer zwischen
$\overline{u^2}$ und $\overline{v^2}$.

Ferner benötigen wir noch den Verlauf von l. Nach J. NIKURADSE[3]
kann man in Rohren, aber auch bei ebener Strömung[4] bei großen

[1] Proc. Roy. Soc. London A Bd. 151 (1935) S. 421.
[2] Naturwissenschaften Bd. 26 (1938) S. 404.
[3] VDI-Forsch.-Heft 356 (1932).   [4] VDI-Forsch.-Heft 289 (1929).

884   Turbulenz und Wirbelbildung

REYNOLDSschen Zahlen ($> 10^5$) den Mischungsweg, der nach der alten
Formel berechnet wurde, annähern durch

$$L = l/H = 0{,}14 - 0{,}08\,\eta^2 - 0{,}06\,\eta^4, \quad \text{mit} \quad \eta = 1 - y/H.$$

Bei kleineren Re-Zahlen wird L größer, so daß wir für die vorliegende
Kanalströmung mit $Re = 8750$ ansetzen $l/H = C\,L$ mit $C > 1$. Be-

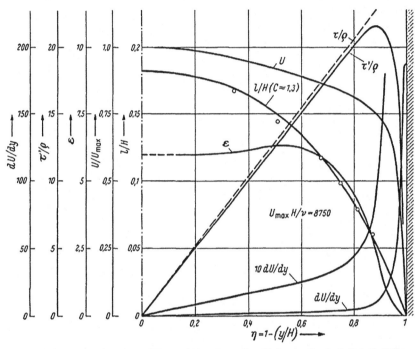

Abb. 1. Ebene Kanalströmung ($U_{max} = 100$ cm/sec, $H = 12{,}2$ cm): Geschwindigkeit U/U_{max},
Geschwindigkeitsgradient dU/dy [1/sec], Schubspannung τ'/ϱ [cm²/sec²], Austausch ε [cm²/sec]
und Mischungsweg l/H abhängig vom Mittenabstand $\eta = 1 - y/H$, $y =$ Wandabstand

rechnet man $l = \sqrt{\dfrac{\tau'}{\varrho}} \bigg/ \dfrac{dU}{dy}$ aus den REICHARDTschen Messungen, so erhält man die in Abb. 1 gezeichneten Punkte, die durch die Funktion $C\,L$
gut angenähert werden, wenn $C = 1{,}3$ gesetzt wird. Wir rechnen daher
weiter mit $l/H = 1{,}3\,L$.

Von den gesuchten Konstanten bestimmen wir zunächst k aus
Gl. (II):

$$\varepsilon = k\,l\,\sqrt{\overline{E}} = \frac{\tau'/\varrho}{dU/dy},$$

also

$$k\,C = \frac{\tau'/\varrho}{L\,H\,\sqrt{\overline{E}}\,dU/dy}.$$

Wir unterscheiden hier zwischen der turbulenten Schubspannung $\tau' = \varrho\,\overline{u\,v}$ und der gesamten

$$\tau = \tau' + \mu\,\frac{dU}{dy},$$

die in Abb. 1 durch die gestrichelte Gerade dargestellt wird: $\tau/\tau_0 = \eta = 1 - y/H$ mit $\tau_0 = $ Wandschubspannung. Es ergibt sich $k\,C$ nach Abb. 2 abgesehen von der Wandnähe, wo die Wirkung der Zähigkeit vergleichbar wird mit der Turbulenz, als konstant. Wir fassen dies als Bestätigung sowohl der Gl. (II) als auch des angenommenen Funktionsverlaufes für den Mischungsweg $L(\eta)$ auf. Mit $C = 1{,}3$ wird $\underline{k = 0{,}56}$.

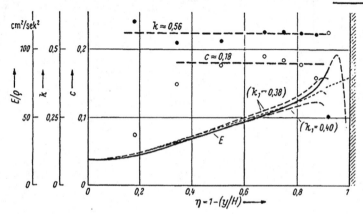

Abb. 2. Ebene Kanalströmung: Turbulenzenergie E [cm²/sec²] abhängig vom Mittenabstand

Zur Bestimmung von c benutzen wir die Gl. (I) in einer gekürzten Form. Das Ausbreitungsglied kann nämlich bei der Strömung zwischen zwei Platten nur in Kanalmitte und in Wandnähe gegenüber den anderen Gliedern (Abklingen und Neuschaffen von Turbulenzenergie) ins Gewicht fallen, indem ein Teil der vor allem in Wandnähe erzeugten Turbulenz zur Kanalmitte transportiert wird. Somit wird für die ausgebildete Kanalströmung, bei der in Strömungsrichtung keine Änderungen mehr eintreten, also $DE/dt = 0$ gilt, bei Vernachlässigung des Ausbreitungsgliedes

$$0 = -c\,\frac{E^{3/2}}{l} + \frac{\tau'}{\varrho}\,\frac{dU}{dy},$$

also

$$\frac{c}{C} \approx \frac{\tau'}{\varrho}\,\frac{dU}{dy}\,\frac{L\,H}{E^{3/2}}.$$

Nach Abb. 2 wird für $C = 1{,}3$, wenn wir die Punkte in der Nähe der Kanalmitte und der Wand nicht beachten, $c \approx 0{,}18$. Dieser Wert von c für die anisotrope Kanalturbulenz stimmt also gut mit dem unter a)

886   Turbulenz und Wirbelbildung

für die isotrope Turbulenz gewonnenen überein, was nicht von vornherein theoretisch erforderlich gewesen wäre. Weiterhin wird die in
Nr. 4 abgeleitete Beziehung $c = k^3$ gut bestätigt, da $k^3 = 0{,}56^3 = 0{,}176$
$\approx c = 0{,}18$ ist.

Schließlich berechnen wir mit diesen c- und k-Werten die Maßzahl
für die Turbulenzausbreitung k_1 aus der vollen Gl. (I), die in unserem
Fall ausdifferenziert lautet:

$$\ddot{E} + \frac{1}{2E}\dot{E}^2 + \frac{\dot{l}}{l}\dot{E} - \frac{c}{k_1}\frac{H^2}{l^2}E + \frac{k}{k_1}\dot{U}^2 = 0, \quad \text{mit} \quad \cdot \equiv \frac{d}{d\eta}. \quad \text{(I a)}$$

In Kanalmitte ist aus Symmetriegründen $\dot{E}_0 = 0$ und nach den Versuchen $E_0 = 19{,}1\ \mathrm{cm^2/sec^2}$; der gesamte $E(\eta)$-Verlauf ist in Abb. 2 aufgetragen. In Wandnähe ist dabei $\overline{v^2}$ extrapoliert, weil dort aus meß-
technischen Gründen nur $\overline{u^2}$ bestimmt worden war. Gestrichelt eingetragen sind zwei numerische Lösungen der Gl. (Ia) mit $k = 0{,}56$ und
$c = 0{,}18$ bei zwei angenommenen k_1-Werten. Man erkennt, daß für
$k_1 = 0{,}38$ bereits ausreichende Übereinstimmung zwischen Rechnung
und Messung bis in Wandnähe besteht, die durch geringfügiges Ab-
ändern des experimentellen Anfangswertes E_0 sogar noch etwas genauer
erzwungen werden kann; die punktierte Kurve ist das Rechenergebnis
für $k_1 = 0{,}38$ und den Ausgangswert $E_0 = 18{,}8$ statt $19{,}1\ \mathrm{cm^2/sec^2}$.
Das steile Ansteigen und Wiederabfallen der $E(\eta)$-Kurve in Wandnähe
hängt ebenso wie das Abfallen von τ'/ϱ in der laminaren Wandschicht
mit der niedrigen Re-Zahl zusammen. Bei $Re \to \infty$ könnte man bis
an die Wand $\tau = \tau'$ und nach Gl. (6) in Nr. 5 $E = \frac{k}{c}\frac{\tau'}{\varrho}$ setzen. In
unserem Beispiel beträgt die Wandschubspannung $\tau_0/\varrho = 25{,}8\ \mathrm{cm^2/sec^2}$,
so daß sich für $\nu \to 0$ an der Wand

$$E_{\text{Wand}} = \frac{0{,}56}{0{,}18} \cdot 25{,}8 = 80{,}3\ \mathrm{cm^2/sec^2}$$

ergeben müßte. Der danach zu erwartende E-Verlauf ist in Abb. 2
punktiert angedeutet.

Das Verhältnis $k_1/k = 0{,}38/0{,}56 = 0{,}68$ ist also kleiner als 1; d. h.
der durch die Turbulenz verursachte Impulsaustausch der Hauptbewegung ist größer als der Austausch der Turbulenzenergie selbst
(vgl. Nr. 5). Dieses Verhältnis k_1/k ist übrigens unabhängig von dem
Zahlenfaktor C in der angenommenen Mischungswegverteilung: In den
ersten drei Gliedern der Gl. (Ia) kommt C gar nicht vor $\left(\dfrac{\dot{l}}{l} = \dfrac{\dot{L}}{L}\right)$;
im vierten und fünften Glied kommen c und k nur in den unmittelbar
berechneten Zusammensetzungen c/C und kC vor:

$$\frac{c}{k_1}\frac{H^2}{l^2}E = \frac{c/C}{k_1 C}\frac{1}{L^2}E \quad \text{und} \quad \frac{k}{k_1}\dot{U}^2 = \frac{kC}{k_1 C}\dot{U}^2.$$

Über ein neues Formelsystem für die ausgebildete Turbulenz   887

Es hätte sich also auch bei einem anderen Wert von C dasselbe Verhältnis $k/k_1 = k\,C/k_1\,C$ ergeben.

Zusammenfassung

Für die rechnerische Verfolgung von Strömungsvorgängen mit ausgebildeter Turbulenz wurde ein neues Formelsystem [Gl. (I) und (II)]
entwickelt, das die kinetische Energie der turbulenten Nebenbewegung
zum Ausgangspunkt nimmt und dessen eine Hauptgleichung eine Art
Energiebilanz aufstellt: Die zeitliche Änderung der Turbulenzenergie
setzt sich aus drei Teilen zusammen, der Energievernichtung durch
die inneren Widerstände der turbulenten Bewegung, der aus der Hauptströmung entnommenen und der Nebenbewegung zugeführten Leistung
und der durch Ausbreitung von Turbulenzenergie in die turbulenz-
ärmeren Nachbargebiete erfolgenden Ortsveränderung dieser Energie.
Als zweite Gleichung kommt hinzu eine Beziehung zwischen der scheinbaren Schubspannung und dem Geschwindigkeitsgefälle der Hauptbewegung. Dieses Gleichungssystem, das zu den hydrodynamischen
Differentialgleichungen der Hauptbewegung als zusätzlich hinzutritt,
ermöglicht erstmalig eine einheitliche Behandlung der isotropen und
anisotropen Turbulenz. Die verschiedenen Möglichkeiten für die Anwendung dieses Gleichungssystems auf konkrete Aufgaben werden
erörtert.

Anschließend werden auf Grund bisher vorliegender Versuchsergebnisse die in der obigen Theorie auftretenden Zahlenkonstanten
abgeschätzt. Nach Messungen in einer ebenen Kanalströmung konnte
Gl. (II) bestätigt werden, insofern als die darin vorkommende Zahl k
sich von Kanalmitte bis in Wandnähe als konstant erwies. Die numerische Integration der Gl. (I) ergab hier bei einem passend gewählten
Wert für k_1 eine gute Annäherung an die gemessene E-Verteilung über
dem Kanalquerschnitt.

Für die Zahlenkonstanten wurden folgende vorläufigen Werte gefunden: $c = 0{,}18$ für isotrope und auch für anisotrope Turbulenz; aus
den Messungen im Kanal: $k = 0{,}56$ und $k_1 = 0{,}38$. Die theoretische
Voraussage $c = k^3$ wurde demnach auch bestätigt.

Literatur

Alkemade, F. (1995). Biography. *Selected Papers of J. M. Burgers (edited by F. T. M. Nieuwstadt, J. A. Steketee). Dordrecht: Kluewer*, xi–cix.

Battimelli, G. (1988). The Early International Congresses of Applied Mechanics. *S. Juhasz (ed.): IUTAM. A Short History. Berlin: Springer*, 9–13.

Black, J. (1990). Gustave Eiffel – pioneer of experimental aerodynamics. *The Aeronautical Journal*, 94(937):231–244.

Blasius, H. (1907). *Grenzschichten in Flüssigkeiten mit kleiner Reibung*. Dissertation, Universität Göttingen.

Blasius, H. (1911). Das Ähnlichkeitsgesetz bei Reibungsvorgängen. *Physikalische Zeitschrift*, 12:1175–1177.

Blasius, H. (1912). Das Ähnlichkeitsgesetz bei Reibungsvorgängen. *Zeitschrift des Vereins Deutscher Ingenieure*, 56:639–643.

Blasius, H. (1913). Das Ähnlichkeitsgesetz bei Reibungsvorgängen in Flüssigkeiten. *Forschungsarbeiten auf dem Gebiete des Ingenieurwesens*, 131.

Bodenschatz, E. and Eckert, M. (2011). Prandtl and the Göttingen school. *Peter A. Davidson and Yukio Kaneda and Keith Moffatt and Katepalli R. Sreenivasan, ed., A Voyage Through Turbulence. Cambridge: Cambridge University Press*, 40–100.

Boltze, E. (1908). *Grenzschichten an Rotationskörpern in Flüssigkeiten mit kleiner Reibung*. Dissertation, Universität Göttingen.

Brown, D. K. (2006). *The Way of a Ship in the Midst of the Sea: The Life and Work of William Froude*. Periscope Publishing.

Burgers, J. M. (1931). Hitzdrahtmessungen. *Handbuch der Experimentalphysik*, 4(1):635–667.

Costanzi, G. (1912). Alcune esperienze di idrodinamica. *Rendiconti delle esperienze e degli studi nello stabilimento di costruzioni aeronautiche del genio*, 2(4).

Darrigol, O. (2005). *Worlds of flow*. Oxford University Press, Oxford.

de Prony, G. (1804). *Recherches physico-mathematiques sur la théorie des eaux courantes*. Imprimerie Imperiale, Paris.

© Der/die Herausgeber bzw. der/die Autor(en), exklusiv lizenziert an Springer-Verlag GmbH, DE, ein Teil von Springer Nature 2023
M. Eckert (Hrsg.), *Ludwig Prandtl und die moderne Strömungsforschung*, Klassische Texte der Wissenschaft, https://doi.org/10.1007/978-3-662-67462-8

Dirichlet, G. L. (1852). Über die Bewegung eines festen Körpers in einem incompressiblen flüssigen Medium . *Bericht über die Verhandlungen der Königl. Preuss. Akademie der Wissenschaften*, 12–17. Abgedruckt in: G. Lejeune Dirichlets Werke, herausgeg. von L. Kronecker und L. Fuchs. 2 Bände. Berlin: Georg Reimer, 1897, hier Band 2, S. 117–120.

Dryden, H. L. (1939). Turbulence investigations at the National Bureau of Standards. *Proceedings of the Fifth International Congress on Applied Mechanics, Cambridge Mass., J.P. Den Hartog and H. Peters (eds), Wiley, New York*, 362–368.

Dryden, H. L. and Kuethe, A. M. (1929). The measurement of fluctuations of air speed by the hot-wire anemometer. *NACA Report*, 320.

Dryden, H. L., Schubauer, G. B., Jr., W. C. M., and Skramstad, H. K. (1936). Measurements of intensity and scale of wind-tunnel turbulence and the relation to critical Reynolds number of spheres. *NACA Report*, 581:109–140.

Durant, S. (2013). Gustave Eiffel: aerodynamic experiments 1903-1921. *Proceedings of the Institution of Civil Engineers – Engineering History and Heritage*, 166(EH4):227–235.

Eckert, M. (2006). *The dawn of fluid dynamics*. Wiley-VCH, Weinheim.

Eckert, M. (2010). The troublesome birth of hydrodynamic stability theory: Sommerfeld and the turbulence problem. *European Physical Journal, History*, 35:1:29–51.

Eckert, M. (2017). *Ludwig Prandtl - Strömungsforscher und Wissenschaftsmanager*. Springer, Berlin, Heidelberg. English translation: Ludwig Prandtl – A Life for Fluid Mechanics and Aeronautical Research. Springer 2019.

Eckert, M. (2019). *Strömungsmechanik zwischen Mathematik und Ingenieurwissenschaft: Felix Kleins Hydrodynamikseminar 1907/08*. Hamburg University Press, Hamburg.

Eckert, M. (2022). *Turbulence-an Odyssey. Origins and Evolution of a Research Field at the Interface of Science and Engineering*. History of Physics. Springer, Cham.

Eiffel, G. (1907). *Recherches Expérimentales sur la Résistance de l'Air Executées A la Tour Eiffel*. Maretheux, Paris.

Eiffel, G. (1910). *La Résistance de l'Air et l'Aviation – Expériences Effectuées au Laboratoire du Champs-de-Mars*. Dunod, Paris.

Eiffel, G. (1912). Sur la résistance des sphères dans l'air en mouvement. *Comptes Rendues*, 155:1597–1599.

Fritsch, W. (1928). Der Einfluß der Wandrauhigkeit auf die turbulente Geschwindigkeitsverteilung in Rinnen. *Zeitschrift für Angewandte Mathematik und Mechanik (ZAMM)*, 8:199–216.

Fuhrmann, G. (1912). *Theoretische und experimentelle Untersuchungen an Ballonmodellen*. Dissertation, Universität Göttingen. publiziert in: Jahrbuch der Motorluftschiff-Studiengesellschaft, 1911–1912, S. 64–123.

Föppl, O. (1911). Windkräfte an ebenen und gewölbten Platten. *Jahrbuch der Motorluftschiff-Studiengesellschaft*, 4:51–119.

Föppl, O. (1912). Ergebnisse der aerodynamischen Versuchsanstalt von Eiffel, verglichen mit den Göttinger Resultaten. *Zeitschrift für Flugtechnik und Motorluftschifffahrt*, 3(9):118–121.

Girard, P. S. (1803). *Rapport á l'Assemblée des Ponts et Chaussée sur le projet générale du Canal de l'Ourcq*. L'Imprimerie de la République, Paris.

Hager, W. H. (2003). Blasius: A life in research and education. *Experiments in Fluids*, 34:566–571.

Heisenberg, W. (1924). Über Stabilität und Turbulenz von Flüssigkeitsströmen. *Annalen der Physik*, 74:577–627.

Hiemenz, K. (1911). *Die Grenzschicht an einem in den gleichförmigen Flüssigkeitsstrom eingetauchten geraden Kreiszylinder*. Dissertation, Universität Göttingen.

Maurain, C. (1913). Action d'un courant d'air sur des sphères. *Bulletin de l'institut aérotechnique de l'université de Paris*, 3:76–85.

Motzfeld, H. (1937). Die turbulente Strömung an welligen Wänden. *Zeitschrift für angewandte Mathematik und Mechanik (ZAMM)*, 17(4):193–212.

Motzfeld, H. (1938). Frequenzanalyse turbulenter Schwankungen. *Zeitschrift für angewandte Mathematik und Mechanik (ZAMM)*, 18(6):362–365.

Nikuradse, J. (1926). Untersuchungen über die Geschwindigkeitsverteilung in turbulenten Strömungen. *Forschungsarbeiten auf dem Gebiete des Ingenieurwesens*, 281:1–44.

Nikuradse, J. (1932). Gesetzmäßigkeiten der turbulenten Strömung in glatten Rohren. *Forschung auf dem Gebiete des Ingenieurwesens*, 356.

Nikuradse, J. (1933). Strömungsgesetze in rauhen Rohren. *Forschungsarbeiten auf dem Gebiete des Ingenieurwesens*, 361.

Noether, F. (1921). Das Turbulenzproblem. *Zeitschrift für Angewandte Mathematik und Mechanik (ZAMM)*, 1:125–138, 218–219.

Noether, F. (1926). Zur asymptotischen Behandlung der stationären Lösungen im Turbulenzproblem. *Zeitschrift für Angewandte Mathematik und Mechanik (ZAMM)*, 6:232–243.

Oertel jr., H., editor (2012). *Prandtl - Führer durch die Strömungslehre. Grundlagen und Phänomene.* Springer, 13 edition.

Prandtl, L. (1904a). Beiträge zur Theorie der Dampfströmung durch Düsen. *Zeitschrift des Vereins Deutscher Ingenieure*, 48(10):348–350. LPGA, S. 897–903.

Prandtl, L. (1904b). Späne- und Staubabsaugung. *Zeitschrift des Vereins Deutscher Ingenieure*, 48(13):458–459.

Prandtl, L. (1905). Über Flüssigkeitsbewegung bei sehr kleiner Reibung. *Verhandlungen des III. Internationalen Mathematiker-Kongresses, Heidelberg 1904. Leipzig: Teubner*, 484–491. LPGA, S. 575–584.

Prandtl, L. (1908). Vorarbeiten für eine Luftschiff-Modellversuchsanstalt. *Jahrbuch der Motorluftschiff-Studiengesellschaft 1907–1908*, 48–52. LPGA S. 1208–1211.

Prandtl, L. (1909). Die Bedeutung von Modellversuchen für die Luftschiffahrt und Flugtechnik und die Einrichtungen für solche Versuche in Göttingen. *Zeitschrift des Vereins Deutscher Ingenieure*, 53:1711–1719. LPGA S. 1212–1233.

Prandtl, L. (1910a). Bericht. *Jahrbuch der Motorluftschiff-Studiengesellschaft 1908–1910*, 138–148. LPGA, S. 1234–1238.

Prandtl, L. (1910b). Eine Beziehung zwischen Wärmeaustausch und Strömungswiderstand der Flüssigkeitsteilchen. *Physikalische Zeitschrift*, 11:1072–1078. LPGA, S. 585–596.

Prandtl, L. (1911). Bericht über die Tätigkeit der Göttinger Modellversuchsanstalt. *Jahrbuch der Motorluftschiff-Studiengesellschaft 1910–1911*, 43–50. LPGA S. 1239–1247.

Prandtl, L. (1913a). Bericht über die Tätigkeit der Göttinger Modellversuchsanstalt. *Jahrbuch der Luft-Fahrzeug-Gesellschaft 1912–1913*, 73–81. LPGA, S. 1263–1270.

Prandtl, L. (1913b). Flüssigkeitsbewegung. *Handwörterbuch der Naturwissenschaften*, 4:101–140. LPGA, S. 1421–1485.

Prandtl, L. (1914). Der Luftwiderstand von Kugeln. *Nachrichten der Gesellschaft der Wissenschaften zu Göttingen, Mathematisch-physikalische Klasse*, 177–190. LPGA S. 597–608.

Prandtl, L. (1922). Bemerkungen über die Entstehung der Turbulenz. *Physikalische Zeitschrift*, 23:19–25. LPGA S. 687–696.

Prandtl, L. (1925). Bericht über Untersuchungen zur ausgebildeten Turbulenz. *ZAMM*, 5:136–139. LPGA, S. 714–718.

Prandtl, L. (1926). Bericht über neuere Turbulenzforschung. *Hydraulische Probleme. Berlin: VDI-Verlag*, 1–13. LPGA, S. 719–730.

Prandtl, L. (1927). Über die ausgebildete Turbulenz. *Verhandlungen des II. Internationalen Kongresses für Technische Mechanik. Zürich: Füssli*, 62–75. LPGA S. 736–751.

Prandtl, L. (1930). Die Turbulenz und ihre Entstehung. *Journal of the Aeronautical Research Institute, Tokyo, Imperial University*, 5(65):12–24. LPGA S. 780–797.

Prandtl, L. (1931a). On the Rôle of Turbulence in Technical Hydrodynamics. *World Engineering Congress Tokyo 1929*, (504):405–417. LPGA S. 798–811.

Prandtl, L. (1931b). Über die Entstehung der Turbulenz. *Zeitschrift für angewandte Mathematik und Mechanik (ZAMM)*, 11:407–409. LPGA S. 812–816.

Prandtl, L. (1932). Zur turbulenten Strömung in Rohren und längs Platten. *Ergebnisse der Aerodynamischen Versuchsanstalt zu Göttingen*, 4:18–29. LPGA, S. 632–648.

Prandtl, L. (1933). Neuere Ergebnisse der Turbulenzforschung. *Zeitschrift des Vereines Deutscher Ingenieure*, 77:105–114. LPGA S. 819–845.

Prandtl, L. (1939). Beitrag zum Turbulenz-Symposium. *Proceedings of the Fifth International Congress on Applied Mechanics, Cambridge MA, J.P. Den Hartog and H. Peters (eds), John Wiley, New York*, 340–346. LPGA, S. 856–868.

Prandtl, L. (1948). Mein Weg zu Hydrodynamischen Theorien. *Physikalische Blätter*, 4:89–92. LPGA, S. 1604–1608.

Prandtl, L. and Reichardt, H. (1934). Einfluss von Wärmeschichtung auf Eigenschaften einer turbulenten Strömung. *Deutsche Forschung*, 15:110–121. LPGA S. 846–855.

Prandtl, L. and Tollmien, W. (1925). Die Windverteilung über dem Erdboden, errechnet aus den Gesetzen der Rohrströmung. *Zeitschrift für Geophysik*, 1:47–55.

Prandtl, L. and Wieghardt, K. (1945). Über ein neues Formelsystem für die ausgebildete Turbulenz. *Nachrichten der Akademie der Wissenschaften zu Göttingen, Mathematisch-physikalische Klasse*, 6–19. LPGA, S. 874–887.

Prandtl, L., Wieselsberger, C., and Betz, A., editors (1921). *Ergebnisse der Aerodynamischen Versuchsanstalt zu Göttingen, 1. Lieferung*. Oldenbourg, München.

Prandtl, L., Wieselsberger, C., and Betz, A., editors (1923). *Ergebnisse der aerodynamischen Versuchsanstalt zu Göttingen. 2. Lieferung*. Oldenbourg, München.

Rayleigh, L. (1880). On the Stability, or Instability, of certain Fluid Motions. *Proceedings of the London Mathematical Society*, 11(1):57–70. Auch in Scientific Papers by John William Strutt , Baron Rayleigh, vol. I, 1869–1881, S. 474–487.

Rayleigh, L. (1913). Sur la résistance des sphères dans l'air en mouvement. *Comptes Rendus*, 156:113.

Reichardt, H. (1938). Messungen turbulenter Schwankungen. *Naturwissenschaften*, 26(24/25):404–408.

Rotta, J. C. (1951a). Statistische Theorie nichthomogener Turbulenz. 1. Mitteilung. *Zeitschrift für Physik*, 129:547–572.

Rotta, J. C. (1951b). Statistische Theorie nichthomogener Turbulenz. 2. Mitteilung. *Zeitschrift für Physik*, 131:51–77.

Rotta, J. C. (1972). *Turbulente Strömungen – Eine Einführung in die Theorie und ihre Anwendung*. Teubner, Stuttgart.

Rotta, J. C. (1990). *Die Aerodynamische Versuchsanstalt in Göttingen, ein Werk Ludwig Prandtls. Ihre Geschichte von den Anfängen bis 1925*. Vandenhoeck und Ruprecht, Göttingen.

Rotta, J. C. (2000). Ludwig Prandtl und die Turbulenz. *Gerd E. A. Meier (Hg.): Ludwig Prandtl, ein Führer in der Strömungslehre. Biographische Artikel zum Werk Ludwig Prandtls. Braunschweig/Wiesbaden: Vieweg*, 53–123.

Rouse, H. and Ince, S. (1957). *History of hydraulics*. Iowa Institute of Hydraulic Research, State University of Iowa, Iowa City.

Rubach, H. (1914). *Über die Entstehung und Fortbewegung des Wirbelpaares hinter zylindrischen Körpern*. Dissertation, Universität Göttingen.

Runge, C. (1913). Über die Berechtigung von aerodynamischen Modellversuchen. *Zeitschrift für Flugtechnik und Motorluftschiffahrt*, 4:241–243.

Schiller, L. (1921). Experimentelle Untersuchungen zum Turbulenzproblem. *Zeitschrift für Angewandte Mathematik und Mechanik (ZAMM)*, 1:436–444.

Schlichting, H. (1930). Über das ebene Windschattenproblem. *Ingenieur-Archiv*, 1:533–571.

Schlichting, H. (1932a). Über die Entstehung der Turbulenz in einem rotierenden Zylinder. *Nachrichten von der Gesellschaft der Wissenschaften zu Göttingen, Mathematisch-physikalische Klasse*, 160–198.

Schlichting, H. (1932b). Über die Stabilität der Couetteströmung. *Annalen der Physik*, V, 14:505–936.

Schlichting, H. (1933). Zur Entstehung der Turbulenz bei der Plattenströmung. *Nachrichten von der Gesellschaft der Wissenschaften zu Göttingen, Mathematisch-Physikalische Klasse*, 181–208.

Schmaltz, F. (2005). *Kampfstoff-Forschung im Nationalsozialismus: zur Kooperation von Kaiser-Wilhelm-Instituten, Militär und Industrie*. Wallstein, Göttingen.

Schmidt, W. (1925). *Der Massenaustausch in freier Luft und verwandte Erscheinungen*. Henri Grand, Hamburg.

Simmons, C. T. (2008). Henry Darcy (1803-1858): Immortalised by his scientific legacy. *Hydrogeology Journal*, 16:1023–1038.

Simmons, L. and Salter, C. (1934). Experimental investigation and analysis of the velocity variations in turbulent flow. *Proceedings of the Royal Society London*, A 145:212–234.

Simmons, L. and Salter, C. (1938). An experimental determination of the spectrum of turbulence. *Proceedings of the Royal Society*, A 165:73–89.

Szabó, I. (1979). *Geschichte der mechanischen Prinzipien*. Birkhäuser, Basel, 2. Auflage.

Taylor, G. I. (1935). Statistical Theory of Turbulence. *Proceedings of the Royal Society*, A 151:421–444.

Taylor, G. I. (1938). The spectrum of turbulence. *Proceedings of the Royal Society*, A 164:476–490.

Taylor, G. I. (1939). Some recent developments in the study of turbulence. *Proceedings of the Fifth International Congress on Applied Mechanics, Cambridge MA, J.P. Den Hartog and H. Peters (eds), John Wiley, New York*, 294–310.

Tietjens, O. (1925). Beiträge zur Entstehung der Turbulenz. *Zeitschrift für Angewandte Mathematik und Mechanik (ZAMM)*, 5:200–217.

Tollmien, W. (1924). *Zeitliche Entwicklung der laminaren Grenzschichten am rotierenden Zylinder*. Dissertation, Universität Göttingen. https://gdz.sub.uni-goettingen.de/id/PPN516863436

Tollmien, W. (1926). Berechnung turbulenter Ausbreitungsvorgänge. *ZAMM*, 6:468–478.

Tollmien, W. (1929). Über die Entstehung der Turbulenz. 1. Mitteilung. *Nachrichten von der Gesellschaft der Wissenschaften zu Göttingen, Mathematisch-Physikalische Klasse*, 21–44.

Tollmien, W. (1931). Turbulente Strömungen. *Handbuch der Experimentalphysik*, IV(1):291–339.

VDI, editor (1926). *Hydraulische Probleme*. VDI-Verlag, Berlin.

von Kármán, T. (1911). Über den Mechanismus des Widerstandes, den ein bewegter Körper in einer Flüssigkeit erfährt. *Nachrichten der K. Gesellschaft der Wissenschaften zu Göttingen, mathematisch-physikalische Klasse*, 509–517.

von Kármán, T. (1912). Über den Mechanismus des Widerstandes, den ein bewegter Körper in einer Flüssigkeit erfährt. *Nachrichten der K. Gesellschaft der Wissenschaften, mathematisch-physikalische Klasse*, 547–556.

von Kármán, T. (1921). Über laminare und turbulente Reibung. *ZAMM*, 1:233–252.

von Kármán, T. (1930). Mechanische Ähnlichkeit und Turbulenz. *Nachrichten von der Gesellschaft der Wissenschaften zu Göttingen, Mathematisch-Physikalische Klasse*, 58–76.

von Kármán, T. (1931). Mechanische Ähnlichkeit und Turbulenz. *Proceedings of the Third International Congress of Applied Mechanics, 24–29 August 1930. Edited by A.C.W. Oseen and W. Weibull (3 vol.). AB. Sveriges Litografiska Tryckerier, Stockholm*, 1:85–93.

von Kármán, T. (1934). Turbulence and Skin Friction. *Journal of the Aeronautical Sciences*, 1:1–20.

von Kármán, T. (1939). Some Remarks on the Statistical Theory of Turbulence. *Proceedings of the Fifth International Congress on Applied Mechanics, Cambridge MA, J.P. Den Hartog and H. Peters (eds), John Wiley, New York*, 347–351. CWTK 3, 346–354.

von Kármán, T. (1967). *The Wind and Beyond*. Little, Brown and Company, Boston/Toronto. (with Lee Edson).

von Kármán, T. and Rubach, H. (1912). Über den Mechanismus des Flüssigkeits- und Luftwiderstandes. *Physikalische Zeitschrift*, 13:49–59.

Wieghardt, K. (1940). Über die Wirkung der Turbulenz auf den Umschlagpunkt. *Zeitschrift für angewandte Mathematik und Mechanik (ZAMM)*, 20(1):58–59.

Wieghardt, K. (1943). Erhöhung des turbulenten Reibungswiderstandes durch Oberflächenstörungen. *Jahrbuch 1943 der deutschen Luftfahrtforschung*, (IA 022):1–17. Auch in ZWB, FB 1563.

Wieselsberger, C. (1914). Der Luftwiderstand von Kugeln. *Zeitschrift für Flugtechnik und Motorluftschiffahrt*, 5:140–145.

Wieselsberger, C. (1921). Neuere Feststellungen über die Gesetze des Flüssigkeits- und Luftwiderstandes. *Physikalische Zeitschrift*, 22(11):321–328.

Wilcox, D. C. (1993). *Turbulence Modeling for CFD*. DCW Industries, La Canada, CA.

Willert, C., Schulze, M., Waltenspül, S., Schanz, D., and Kompenhans, J. (2019). Prandtl's flow visualization film C1 revisited. *13th International Symposium on Particle Image Velocimetry – ISPIV 2019*.

Printed in the United States
by Baker & Taylor Publisher Services